午前零時の自動車評論 19

沢村 慎太朗

目次

巡る思念～アウディ4代目A3試乗

東名高速を西へ下りながら考えていた。生きているうちに運転するこれが最後の世代になるのだろうか。

名跡と呼んで差し支えないクルマに試乗するたびにこの自問が繰り返し脳裏に浮かぶ。例えばポルシェ９１１がそうだ。ＢＭＷ３シリーズもそう。レンジローバーは世代の数こそ多くはないけれど渡英して初代の主任設計者スペンサー・キングに開発譚を聞いてからこちらキング翁の面影とともに系譜が浮かぶ。クラウンは……もうどうでもいいや。

さて、これから接近遭遇するのは９１１でもレンジローバーでもなくゴルフだ。おっとこれはオーバーシュートだ、本当はアウディＡ３だった。

今さら言うまでもないが、Ａ３はゴルフと内包するメカニズムのほとんどを共有する実弟だ。とはいえ巷で思われているのと違ってＶＷとアウディの兄弟車は仕上げのところでけっこう違っていることがある。人間社会だと兄と弟とで性格が正反対になることは珍しくないが、そういう兄弟だったりするのだ。とはいえ、ことゴルフとＡ３の兄弟に関しては、味の差が今まであまり目立っていなかった。アウディA３のほうは少しだけ温度感が低くてさっぱり味に感じるくらい。派生車種のＴＴになると俄然アウディは張り切るようで走りの傾向が特徴的になったりするのだが、ゴルフとA３に関してはそこまでの懸隔は与えられていなかったように思う。日本導入モデルに関して言うなら、パワートレインの仕様を違えられていたり装備類に差をつけられていたりと、意識的に棲み分けが企図されている様子はあったが、それでも同一車種の異グレードくらいの認識でよかったのだ。それに何より新世代ゴルフに試乗する予定は今のところないのだ。というわけで、これから乗るA３を、数えて８代目となるゴルフの判断指標として扱うことにする。断じてこれは牽強付会ではない。単刀赴会でもない。ちいと顔貸せやと呼んでくれたのは30年来の顔馴染みであるアウディ広報の小島さんであって魯粛ではない。

などと思念が大きく蛇行して発散しかけるのは、辿る道程が嫌というほど走ったそれだからだ。用賀から東名に入って伊勢原から先の分岐は右を選んで大井松田３００Ｒを楽しくこなして御殿場ＩＣで下りて国道１３８号で仙石原に向かう。昼間だけでなく深夜にも徘徊してきたルートだ。迷う気遣いはまったくない。

という風に1962年式のおれが毎度お馴染みのコースだということ自体、それは20世紀の常識であり21世紀の非常識なのかもしれない。そもそも箱根で開催されるプレス向け新車試乗会というイベントが消えゆこうとしている。過去の物語になろうとしているのだ。餌付けて躾け済みのメディアや書き手にだけ機会を与えて、足りなければ自分たちでお手盛り情報を流すというのが2020年代。自律性を持つ自動車専門メディアが崩壊し切る前段階だ。飽き飽きしたルートなどと言ってはいけない。これが最後かもしれないのだ。

そういうわけで少ししんみりしながら会場に着いたら、そこは20世紀ではなく21世紀だった。COVID－19対策で、試乗枠は絞られ、試乗時間になる寸前まで会場建物の中に入れない。同業者が溜まって短い挨拶が飛び交う20世紀の風景とは大違いだったのだ。

ちなみに、COVID－19に関するおれのスタンスは「老い先短けえ身だし伝染されて死んでも仕方ねえと諦めるが他人様に伝染しちまうのはできるだけ避けてえわな」であるから、アウディ日本法人の措置にまったく得心して、定刻まで暇を潰すことにした。といっても1

時間以上ある。おれはクルマを運転するとき急ぐのは嫌なので必ず早めに出るのだが、なぜか到着は見積もった時刻よりも人幅に早くなっていたりする。今回もそのパターンだったのだ。仕方ないので会場を出て近場の店で蕎麦を啜って小腹を充たすことにした。

時間が来て建物の中に入る。割り当てられた試乗車は2種。初めはセダンの30TFSIアドバンスト。次がスポーツバックの30TFSIアドバンスト。つまり同じパワートレインでボディ形態違いの2台に乗るということだ。ちなみに30TFSIアドバンストと30TFSI基準車の違いは専ら装備面で、例えば装着タイヤが17インチでなく16インチになるくらいで、認証上では車重表記も同じになっている。

言い添えると、日本市場における4代目A3のグレード展開は両ボディ形態とも、下位から記して以下のような6種類となっている。

□30TFSI基準車
□30TFSIアドバンスト

□30ＴＦＳＩ Ｓライン
□40ＴＦＳＩクワトロ・アドバンスト
□40ＴＦＳＩクワトロ・Ｓライン
□Ｓ３

ダウンサイズ過給の流行からこちら、欧州車のグレード表記はエニグマかなんか通して暗号化したのかと思うくらい謎化していて、このＡ３もＴＦＳＩ（これは直噴過給のことだ）の前に置かれる数字が意味不明だ。前の世代の途中までは1.4とか2.0とか排気量を端的に示していた。ところが今や30と40。もちろん３ℓと４ℓではないし、最大トルク３００Nmと４００Nmとかでもない。何だっけこれ。渡されたスペック一覧表を眺めて首を捻っていたら思い当たった。30ＴＦＳＩは1.0ℓ直列３気筒ターボ過給で、40ＴＦＳＩは2.0ℓ直列４気筒ターボ過給。つまり、１桁目の数字は気筒数を示すのだ。だったらそれだけでいいだろと思いかけたが、３ＴＦＳＩじゃあ字面がダセえわな。加えて、今回の世代では内燃機に加勢するシステムが備わっている。オルタネーターという名の交流発電機を、これまでのように発電するだけじゃなく、48V大容量リチウムイオンバッテリーに貯めた電力を流し戻して交流電動機に変身させて、アイドルストップからの再始動時や加速時に助勢させるのだ。四半世紀前からプリウスのTHSシステムという存在を知っている我ら日本人にとって、それはサワリだけのチョットだけよ的なハイブリッドにしか思えないのだが、ドイツ人はダウンサイズ過給にさらなるダメ押ししてやったぜ式に自慢したいのだろう。それでゼロを足して30とか40にしてみたんじゃないのかなあ。

とか一覧表を見て思念を遊ばせていたら、広報部の若い人が何を勘違いしたのか「S3にお乗りいただけなくてスミマセン」と言葉をかけてきた。とんでもない。最下級——艤装じゃなく走行メカ的に——グレードをボディ違いで乗り比べることができるこの差配こそがおれにとって最高なのだ。一番速いのに乗って峠道を飛ばして喜悦するヒョーロンカ先生とかデビューの遅い中年編集者と一緒にされちゃあ困る。おれとてその類の行為は嫌いじゃないが、エンジンが自分の後ろに置いてあるヤツとかシリンダーが8本以上あるヤツとかに相対するときのそれは話であって、あくまで実用車としての価値を軸とするCセグメント車輌をひたすら単細胞にシゴきまくって随喜の涙を流すような変態趣味はない。1.0ℓ直3ターボどうしの比較試乗こそ大歓迎。煽るがままアルマン・ドを何本も抜いてくれる御大尽に巡り合ったキャバ嬢のココロモチくらい大歓迎なのだ。

　というわけで気分上々で試乗車が用意されるのを暫し待つ。そのあいだにディメンションを一瞥する。ホイールベースは不変。一方で全長はセダンが3cm、SBが2cm伸びて、全幅はセダンが2cm、SBは3cm膨らんだ。

	全長×全幅×全高	軸距	輪距(前/後)
現行A3セダン	4495×1815×1425mm	2635mm	1555/1545mm
先代A3セダン	4465×1795×1405mm	2635mm	1555/1525mm
現行ゴルフⅧ	4295×1790×1475mm	2620mm	1540/1510mm
現行A3SB	4345×1815×1450mm	2635mm	1555/1545mm
先代A3SB	4325×1785×1450mm	2635mm	1535/1505mm

【註】全て基準車の日本仕様発表値、ＳＢはスポーツバック。

先代も現行もプラットフォームは例のＭＱＢ。ただし現行のほうはＭＱＢ Ｅｖｏなどとイキッた呼称をつけられているが、どうやら根幹部分は持ち越して小改良した程度のものみたいだ。当然ながら現代のプラットフォームだからホイールベースの自由度は大きく確保されているはずだが、軸距の数字も新旧で不変ときた。ゴルフⅤからゴルフⅥへ移行したときと同じような所謂スキンチェンジに近い世代交代だと思う。

ただひとつ謎なのはゴルフⅧの発表値だ。日本仕様のスペック表を参照するとホイールベースがＡ３より15㎜短いことになっている。デビュー時の公式発表値は２６３６㎜となっていた。何だかわけが分からんので、英国ＶＷの公式サイトも閲覧してみると、ディメンションの表に２６１９㎜と書かれていて、しかしその下方の真横写真には２６３０㎜とのスーパーインポーズがしてあった。一体どうなっているのだ。まあ本稿の対象はＡ３だから、とりあえず放っておくことにするが、何が正しいのか誰か教えてくれ。

□30TFSIセダンは遅かったのか

VWグループの3気筒はまず、アルミブロックEA111型の1.2ℓ3気筒バージョンが00年代に4代目ポロやフォックスなどに載せられて登場したが、こちらはアルミブロックEA211型から派生した最新世代。up!の1.0ℓ3気筒のターボ過給版と言えば立ち位置を飲み込みやすいだろう。先代の5代目ポロの後期にも上陸していた記憶がある。

搭載されているのはそういうエンジンであり、最新仕様の4代目8Y系A3に載せられた仕様では最大トルク20・4kgmと頑張っている。とはいえ駆動輪に伝わる段階でのトルクの多寡は、トランスミッションやディファレンシャルの減速比を大きくすれば、そのぶん嵩上げされる。真にクルマを加速させる能力の指標はトルクでなく出力なのだ。そこで数値を参照すれば110ps/5500rpmとある。一方で30TFSIアドバンストの車重は1.3tを超える。馬力荷重比は1tあたり83psだ。これは古来、速い遅いの分水嶺と言われてきた100ps/tを思い切り下回っている。なんとなれば爽やかなまでに質素なup!とほぼ一緒の数値だ。つまり現代基準でははっきりと遅いクルマなのだ。

額面で遅いだけでなくターボの宿命すなわち過給遅れだって相乗するだろう。排気量が小さければタービンを加速させるエネルギーも小さい。またターボは径が小さいほど効率が落ちる機器だ。どうやら可変ジオメトリー式を奢っているようだが、いくらタービンに導く経路面積を絞ったり風車の羽根の角度をつけても、入ってくる空気の量が少なければサージングを起こしてしまって思ったほど過給レスポンスは残念ながら元気にならない。遠く遥か昔の1980年代時点で日本のメーカーが悟っていたこれは公理である。だから、最大トルク値が始まるのが2000rpmと図示していても、現実世界におけるアイドルからの過渡域加速では、タコメーターの指針が2000rpmを超えても過給圧が存分に立ち上がってはこないのだ。アウディではSQ7で真っ先に市販投入された48Vバッテリー駆動の電動ターボでも持ってこなければ。

ところが30TFSIは転がり出しのところで微塵も痛痒を感じさせなかったのだ。登り坂でのゼロ発進とか色々とイジワルをしてみたのだが、実用車という前提ではまったく文句のない加速を見せる。もちろんツインクラッチ変速機は40TFSI（2.0ℓ直4ターボ）に適用されるものに比べて1速が低めに切ってあるのだが、無闇矢鱈に低いわけではない。というか2速はあちらより高いくらいだ。となれば答えは自明。オルタネーターを電動機に変身させた効能だ。その臨時的な加勢あっての賜物なのだ。

これは悪くない手口かも。熱で磁石がワヤになる危険を冒してターボの軸にモーターを取り付けるより気が利いている。なにしろオルタネーターは最初からエンジンにぶら下がっているのだ。そいつに電気を流すだけでこれだけの効果が生まれるならば目出度いじゃないか。もちろん48Vバッテリーだとか対応する電装系の容量増とか付随する手当はかなり多いとは知っているけれど。

さて、そうやってオルタネーター加勢によってアイドル近辺から1.3tを楽勝に加速させるほどの馬力が出るとなると別の心配事が生じかねない。横置きFWD車に特有のアレ、すなわちエンジンが前後にギクシャク暴れる例の動きだ。

もちろん検分してみた。まずアイドルストップからの復帰時はエンジンの身じろぎが少なくて平和。街乗り風の大人しい発進から穏やかに加速したときも同じく平和は保たれる。けれど加減速とアクセルペダル開閉が噛み合わないように重ねてみると馬脚を現してしまった。

アウディは気筒休止エンジン車やPHEV(プラグイン式ハイブリッド車)に電磁石を使った電制の可変マウントを適用しているが、廉いA3の3気筒車にも使っているという話は聞かないから、制御でシャクリを消そうとしているのだろう。なのだが残念ながら消し切れていなかったのだ。どの程度の馬脚かといえば欧州製実用車の平均値くらいかな。音振を優先してマウントを柔らかくしつつエンジン制御でシャクリを消すという小技は、2010年代に入ったころから欧州のメーカーのあいだで広がってきたが、A3もその流れの中にいるという構図か。想い起こせばゴルフⅡのとき、VWは位置決め能力こそ最優先で音振は知らんとでも言いたげなエンジンマウントの設計をしていた。シャクリとは無縁でそこは気持ちよかったが、いやもう本当にゴロゴロと五月蠅かった。元から雑なダッシュの立て付けがエンジン振動で常態的に揺すぶられて、ギシギシと鳴りまくる騒音がそこに重なった。あれから半世紀。変われば変わるもんだ。

ただしこの1.0ℓ直3ターボ、既述のように転がり出しのところでのヒヨワさは見せなかったのだけれども、そこから先が色褪せる。転がり出しの元気さに気をよくして踏んでいくと

83ps／tという正味の実力があっさり露呈するのだ。とりわけ5000rpmから上は使う気にならない。緩行状態から一気にアクセルを7割くらい開けての急加速を命じるとブースト圧は5000rpmに至る前に早くも使い切ってしまい、そこから一応レブリミット近くまで回転は達してくれるのだが、力感ははっきり失せている。レブリミットは6200rpmだけれど、5000rpmからそこまではシフトダウンの際のマージンだと思ったほうがいいだろう。

もちろん、これは実用Cセグメント車としての瑕には勘定しない。アップダウンの続く峠道を2速3速でブン廻すなんてシークエンスは開発時の前提に入っていないに決まっているだろうし、少なくとも自動変速に任せて中速域まで加速するような状況ではそれなりに健やかに走るのだから。とはいえ、リアル世界でおれは高速道路でこれに乗りたくはないなあ。行儀の悪いミニバンと遭遇したときなど、手短にそいつらを躱してしまえる動力性能のマージンが欲しいからだ。定価400万円クラスはその能力を期待してしまう値段だもの。

□効率を語る近視眼

と書いているうちに巣食っていた思考の蟠りが脳の奥の間から這い出てくるではないか。話が横道に逸れてしまうのだが、押し戻すのも面倒だから書いてしまおう。

そもダウンサイズ過給エンジンとは元よりそういうものである。動力性能が亢進する領域を削いで見切る代わりに燃費の面で利得が出るという設計ロジック構成なのだ。ならばいっそ最高速を160km／hとかで我慢して、そこでサチュレートするように最高出力とギア比を設定すればいいんじゃねえのかな——。

30TFSIセダンの公称の最高速は210km／hだ。未だにアウトバーンで「力こそパワーだ」の追い越し合戦をやりたがる20世紀型ドイツ人にとってこの数字は大事なのかもしれない。けれど一方で伊仏の高速道路では130km／hのスピード制限が取り締まり厳しく施行されるようになった。そちらのエリアでは160km／hも出れば十分に実用になるだろう。WLTP（国際統一試験サイクル）で最も高速になるテストモードの上限だって135km／hとかだ。それにVW／アウディが市販投入しているBEV（電池駆動の純モーター車）の多くは最高速を160km／hに意図的に抑えている。てことは、160km／hあれば何とか使えるクルマとして成り立つと自白しているようなものである。だとすると30TFSIも同じように最高160km／hという設定でパワートレインを仕立てればいいのだ。この7段ツインクラッチ仕様車のギアリングは計算上で280km／h以上出る切りかただが、160km／h上限ならもっとローギアードかつクロスレシオに切って低中速域での使い勝手や燃費を向上させたり、段数を減らしてトランスミッションを軽量化したりとか俄然できることは増える。21世紀の自動車技術者たちは「コーリツ」「コーリツ」とお経を繰り返し唱えるが、真に効率を狙うならば近視眼を治して最高速を見切ることから始めてはどうなのか。

付け加えるならば、これはドイツの会社だけに向けた話ではない。日本の会社も一緒だ。そもそも日本の小型実用車の多くは100km／h以上で走ろうとすると、マージンが極少ゆえに怖くてチビりそうになる程度のシャシー性能しか持たせていないのだから、パワートレインだけ額面上の数字を高くしてもナンセンス。それに大半の日本人ドライバーは最高速120km／hの第二東名でも自主的に100km／hで走ってしまうくらい悲しくも去勢済みなのだ。だからもう次世代のプリウスや3代目ミライはぜひ160km／hマックスとかそれ以下で作ればいい。そうなったときコーリツコーリツのお経に漸く聞き耳を持つ気になれると思う。

□操舵系のメタバース

いやはや大脱線してしまった。話を元に戻そう。次はそうだシャシーの話だ。いつもどおりEPS（電動アシスト操舵系）から行こう。

30TFSIセダンのEPSは通例に沿った仕上がりだった。

総じてVW／アウディ車輛のEPSに通底する傾向どおりクールで薄味な感触。そしてスティックスリップ症状と呼ばれるような悪い癖は診られず、切っていった先で「このあたりだろう」と手を止めようとしたときに舵が泳いでピタッと決まらない不快な症状も出ない。EPS特有の欠点が気取れないのだ。と同時に、その清涼な感触がオツに澄ましてキレイすぎるきらいはあった。例えてみれば、SNS上に溢れる若い女子たちの盛りアプリ加工済み自撮り写真だ。汚れなくキレイで美しいけれど、どーもリアリティに欠けていてなーんか巧く嘘をつかれているような気がするアレ。

ドイツ人は上手な嘘が好きなのかと思っていたとき、興味深い記事を読んだ。偉兄、牧野茂雄がインターネット版モーターファンに書いた少し前の記事だ。引用要約してみよう。

自動車における大多数の制御は、制御した結果を参照して制御の精度を上げていくフィードバック型だ。排気管にO^{2}センサーを埋め込んで、その情報をもとに確度を上げていく燃調制御などが端的な例。これはシステムの範囲内で全ての事が運ぶクローズドループな制御と言える。

だが牧野氏が取材した操舵系の技術者が云うには、ゴルフＶ／Ⅵの世代で採用されたＥＰＳをオープンループで仕立てていたのだそうだ。何がオープンかというと、ドライバーという人間要素をループの中に取り込んでいるからだ。メカとメカを稼働させる制御の環の中に、作り手としては不可知のドライバー要素を入れてしまうと、環がそこで開いてしまう。だからオープンループ。環を環として成立させるには、不可知を可知にするＡＩの支援が必要になってくる。

この考えかたでＶＷはＥＰＳを仕上げていった。大前提になるのは、油圧にしろ電気にしろパワーアシストを利かせたステアリングシステムの場合、「実際の路面からの反力とドライバーが掌で感じ取る反力とはまったくの別物であり、全ての手応えは人工的に付加されたもの」（この部分丸ごと引用）という考えかた。その「人工的に付加する手応え」をドライバーが快く受容するべく制御が行われる。そのためにまずステアリングラックが締結されるサブフレームに始まって、関係する車体の剛性を高く確保して操舵系に割り込むノイズをできるだけ排除した上で、制御を煮詰めていくのだ、と。

つまりVWのEPSを操作したときにドライバーが感じるあれやこれやは仮想現実だというわけである。ノイズを廃して美しい仮想現実を描く。それがVWの狙いだったのだ。おれがアプリ加工済み自撮りを想起してしまったのは故ないことじゃなかったのだ。

それから世代がふたつ進んだ。彼らのEPSが伝えてくるのが仮想現実だったとしても、その仮想現実は嘘臭さが減じて生々しさが増していた。基本的には相変わらず薄味仕立てゆえ、伝達される情報も彫りが深い種類のものではない。にもかかわらず、舵角を増やしていく途中で一種の乗り越え感が出るストラット特有のあれをきちんと感じ取ることができる。さらに肝要な微舵の感触も、タイヤのブロックが変形するのが分かるくらいに生々しく受け取れる。明らかに前の世代より進歩している。

ドイツ人は科学の力を以て「向こう側」にある自然の摂理を取り込んで制圧し、やがて世界の覇者になる日を夢見る。そしてステアリング系でも事象を制圧して、その上に仮想現実のメタバースを構築しようとするわけか。Ａ３のステアリングフィールは肯定的に評価できるものだが、巧いライティングと画角に凝って美麗に撮れた無加工の画像とは違う。現実に起きている事象が伝達経路を辿るうちに茫洋としてしまうところを、精密に描画して再構築してみせた。それほど嘘臭くない仮想現実なのだ。

□またお前だったかトランザよ

そんな具合に操舵系の印象は悪くなかったのだが、アシさばきのほうは感心できないところが診られた。ただし懸架装置のほうの責ではないと思う。主犯は30ＴＦＳＩアドバンスト・セダンにＯＥ装着されていたブリヂストン製のトランザというタイヤだ。

このタイヤの銘柄は誕生してからだいぶ経っている。１９９０年代の生まれだったかな。その登場時にはＯＥ装着バージョンに転生させたレグノみたいな扱いだったと記憶している。つまり乗り心地を重視しつつ、アフターマーケット用のレグノみたいに踏面がやたらと柔らかくて減りやすい偏った仕立てというわけじゃなく、欧州車にＯＥ採用もされるような一般的な性格を担保したタイヤというわけだ。

守備範囲が広くて、それでいて乗り心地がいい、なんていう夢のようなタイヤがあったら嬉しいのは自動車メーカーもおれたちも一緒だ。だが、そんなに都合よく事が運ぶわけがなく、トランザには明白な欠点があった。サイドウォールのダンピング性能がよろしくないのだ。この性格は何故か代を重ねた現行品にまで受け継がれてしまっている。つまり、30ＴＦＳＩアドバンストを走らせているときに典型的な症状が診られたのだ。

具体的に書こう。大きめに車体がロールしたときには対地キャンバー角が崩れる。そうなると外側のサイドウォールが大きく潰れながらタイヤは廻る。このとき路面の不整を踏んでしまうと、サイドウォールはさらに潰れてこれを飲み込もうとするが、不整が小さくないと飲み込み切れず、懸架機構も伸縮する。すると、これに伴ってタイヤの縦荷重が急変する。そして潰れていたサイドウォールが戻ったり潰れたりを小さく繰り返す。トランザはこのとき戻りが遅れて、しかも戻る撓むの繰り返しが妙に尾を引く感触なのだ。この症状が高負荷機動時に出てしまうとかなり手を焼く。W２０４系Cクラスをはじめ過去に何度も経験しているのだ。だが今回は高負荷で走らせなかったせいもあって、進路を乱すまでの事態には至らなかったが、かなり印象がよろしくない。

ところで、サイドウォールのダンピングといえば、これと正反対に絶品だったのが往年のミシュランで、その極北が名作MXX３であり、後継の第1世代パイロット・スポーツでは僅かに色褪せたけれどそれでも他を寄せつけないあの爽快な縦ばね感は依然として健在だった。そのパイロット・スポーツを横目で矯めつ眇めつしながらヨーロッパ製高性能車のOE採用を狙って設計されて、美点たるサイドウォールのダンピング感も含めて一定の成果を出したのがブリヂストンRE０５０Aだった。そのときに得ていたはずの技術的あれこれは何故かトランザには生かされないわけだ。

言っておくが過去の悪印象を引きずって現行トランザを責めているわけではない。次の試乗車つまり30TFSIアドバンスト・スポーツバックは同じ２２５／45R17サイズながらピレリのP７を履いていた。現行のP７は、ポルシェ９３０ターボに履かされてセンセーショナルに登場して業界を席巻した初代とはまったく違って、性格が丸く穏やかな品物という立ち位置。と言うと聞こえはいいが、乗り心地がとりたててよいわけでもなく、といってグリップについては明らかにトランザに劣っていて、要するに掴みどころのない凡庸なタイヤだ。
その凡庸なP7を履いた30TFSIアドバンスト・スポーツバックは、路面不整を踏むと、その不整を飲み込もうとするが飲み込みきれず、若干の突き上げが感じられてしまう。トランザは同じ場所でその不整を難なく飲み込んでくれた。なのだが、不整が続くセクションに入るとトランザはダンピング不足を曝け出して接地性を乱す。かたやP7は洗練されてはいないけれど鷹揚に連続不整をこなすのだ。Cセグメント実用車のOEタイヤとして適しているのは言うまでもなくP7のほうだ。

さて。手順の上では次に操縦性の検分あたりに進むのが常道なのだが、その辺のことはセダンとスポーツバックの比較で語ったほうが読みやすいものになると思うので、あとに譲ることにする。30TFSIアドバンスト・セダンを早めに試乗会場に戻して、余った時間で検分したキャビン内の仕立てについて記しておこう。

運転席まわりの仕立ては第7世代ゴルフのそれと相似形で、瑕だと糾弾すべきものは見当たらない。右ハンドルでもステアリング軸はシート座面センターと一致し、テレスコ調整しろも60㎜と大きい。概ね問題なし。

一方で、後席についてはところどころに綻びが視られた。

まず座面。後傾角はきちんと取られているが、前後長が不足している。おれは身長173㎝で昭和のオッサン体形で肢も長くないのに、きっちり深く坐っていても、座面の前端とひざの裏にコブシひとつの隙間が空く。また座面の両隅の角落しは大きくて、大腿部の支持が不足している。スペース的には後席に大人が真っ当な姿勢で収まるだけの容積が確保されているのだが、その人間を支持する椅子の仕立てに不備がある。また背もたれの後傾角は適切だがヘッドレストはわざわざ持ち上げないと適切な位置にならない仕立て。まあ要するに後席の住人まで含めて万全に移動させようという気構えは見られない設計である。

そんな後席に収まってぐるりと見渡す。前席に対して着座位置は高く設定されているので前の視界はさほど窮屈にはならない。横方向ではガラスの見切りが肩のところの高さ。肩まですっぽり金属の殻に囲まれて埋まるこの感じはいかにもドイツ的だ。そして顔の真横にはちょうどCピラーが来る。言い換えれば、横顔のほとんどはCピラーに隠されて車外からは見えにくい。そして僅かに顔を前に出すと目鼻口の表情だけが見える加減である。おおこれは20世紀の古典的サルーンの設えじゃないか。ロールス・ロイスやリンカーン・タウンカーなど貴賓をリアシートに乗せる真の高級サルーンの車体側面デザインである。もはや絶滅しつつあるそれらの造形が何故アウディA3に表出しているのか謎ではある。まあ偶然だろうな。

□スポーツバックの源泉を辿る

そんな風に静態観察を終えたところで、次の試乗車が用意できましたと案内された。30TFSIアドバンストのスポーツバックだ。一般的には5ドア・ハッチバックと称される車体形態である。

通説によればハッチバック形態を採った自動車の初出は1953年に誕生したアストン・マーティンDB2／4だそうだ。DB2／4は典型的なロングノーズFRのGTだが、テール部にトランクリッドを穿つのでなく、ガラスごと大きく上に開く大面積のハッチゲートを備えていた。ちなみにこのＤＢ２／４の意匠を担当したのは当時17歳の製図工ジョン・ターナーだと伝えられる。ハッチバックＧＴという形態は専門職のスタイリングデザイナーでなく製図工が産んだのだ。そしてこのボディ形態は、ジャガーＥタイプのフィクストヘッドクーペ仕様を経て、これを模倣したトヨタ２０００ＧＴへと受け継がれていく。17歳が世界を変えたのだ。

ただし、ボディ背面がガバッと開くというだけならば、戦前のシトロエン・トラクシオン・アヴァンの商用仕様や49年に発売されたカイザー＝フレイザー・ヴァガボンドなど先行例は幾らでもある。それらはみな実用車や商用車であり、後面が大きく開くことで大荷物を出し入れしやすいという機能をフィーチュアすべく、ハッチバック形態を採っていたのであった。

そんな風に機能にプライオリティを置いたがゆえのハッチバックが、ビジュアルとして好ましいからそれが選ばれるように変わっていくのは60年代末のこと。シトロエン・ディアーヌやオースチン・マキシがその先駆けと言える。だが、そのころの自動車のスタイリングについての気分の変遷を推し量るには、ルノー４とルノー初代５を比べて眺めるのが手っ取り早い。両者はプラットフォームを共有して、また背面に大面積リアゲートを備える実用車である。だが60年代の初めに生まれた4は、あくまで移動と荷物の運搬に重きを置いていて、現在のカングーの祖先的な存在であった。かたや4のプラットフォームを流用して上屋を建て替えて72年に送り出された5は、Bセグメントというカテゴリーの形成期に一定の役目を果たしたシティカー的な存在だった。10年の時を経てオボコい田舎娘が小粋な都会の女に生まれ変わったのだ。戦後のヨーロッパ小型実用車のトレンドはこのあたりでハッチバック形態に収斂し、さらに2年後にジョルジェット・ジウジアーロがこれを隙なく完成させつつ80年代的クリーンも予感させる面構成のゴルフを世に問うてダメ押しした。こうして、ハッチバックは自動車形態の一大勢力を形成するに至ったのであった。

以上が歴史のお勉強である。ついでに心理学のお勉強もしておこう。

馬や犬と違って、平らな顔に両眼がある我々ホモサピエンスは、前方を立体視できたり、眼前に障害物があっても向こうを見透かしやすかったりする代わりに、視野は前だけに限られる。ゆえに背後を取られるのは死に直結する危機であった。アウストラロピテクスあたりまで遡るならば400万年以上もそうしたリスクとともに生き延びるうちに、いつしか背後の安全を無意識のうちに確保したくなる意識を深いところに宿すようになったのだ。自分の後ろに立つ者を本能的に打倒してしまうというゴルゴ13の行動様式の設定は、我々が等しく有している背後への意識を、スナイパーという職業を触媒として極端に膨張させたものであろう。

治安のよい場所に棲む現代人であっても深層心理に潜ませているこういう意識は、クルマのボディ形態によって起動してしまう。背後を懼れる心が最も平静でいられるのは、硬かったり厚かったりする頑丈な壁に背中全体を圧しつけているときである。自動車の場合それは3ボックス車の後席に相当する。翻って自分の後ろに他者が坐る前席は、大袈裟に言えば生殺与奪の権利をその他者に預けているのに等しい。3ボックス車で絶対的な優位者が後ろに坐り、下位者が前席に坐るという社会的プロトコルは心理の上でも当然なのだ。

実を言うとA3セダンのリアシート背もたれ部分は可倒式でトランクと連通する仕立てになっているのだが、少なくとも自分の背後を他人が襲ってくる懼れとは無縁でいられる。かたやハッチバックは背後に大孔が開いているという不安が深層心理に潜む。後ろに坐っていてハッチゲートを開けられたときの何とも言えぬ心細さを経験していれば、不安は余計に浮き上がりやすくなるだろう。全長が15㎝長いセダンは荷室容量の点でスポーツバックの380ℓに比して425ℓという優越を備えるが、それ以上に人間の心理の面でセダンとハッチバックは種類の違う自動車なのだ。前者は後席に大事な人を乗せて運ぶマシンであり、ハッチバックはユーティリティを買われるマシンだ。

□ロジックは体験で追証する

とまあ以上は薀蓄であって机を前に坐ったまま記述できることだが、走らせたときの明確な両車の差は実車体験しなければ書けない。同じ車種で同じパワートレインで装備も同等で経年と走行距離も似たり寄ったりでドアも同じく4枚で、ボディ後端の形状だけが異なる2台を続けて乗り比べられる機会など、そうそうないのだ。S3とか4気筒車を入れるのでなく、30TFSIのボディ違いで試乗を差配してくれたアウディ広報部には感謝至極である。

走り出して真っ先に気づいたのは音振の違いだ。路面不整に突き上げられたとき、スポーツバックは車体後半がグシャッと変形しているような振動を起こす。よくよく観察してみれば、後半のみならず前半にもその分割振動は起きている。また、鋭い不整でなく、カマボコ状の膨らみを踏んだときに後ろのほうからドスンと低周波が襲ってくる。セダンでは感じられなかった現象だ。

応力担体の立体図で考えると、スポーツバックの車体は背面でスパッと切断されて孔が開いている状態だ。ハッチゲートはウエザーストリップのゴムというばね系を挟んで——言い換えればゴムで浮いて——孔の蓋をしているだけだ。かたやセダンは、鋼製の部分を視れば同じく背面は大孔が開くが、その穴の上半分はガラスが接着されて固定される。接着剤は永遠に完全な固体にはならないが、硬さはウエザーストリップの比でなく、接着したガラスは車体剛性にかなり寄与する。ポルシェが９６４系のときにこれをアピールしていて知った。また後席の背もたれの上縁のところに鋼製の横棒が左右に渡されていて、これは両側のCピラー基部に溶接されている。言ってみれば孔は半分なのだ。そりゃ剛性は大差がつくだろう。

ところが、さらに観察を進めていくと、低周波に相当する車体の身じろぎだけでなく、中高周波にあたる騒音の様子も違っていることが分かった。スポーツバックのほうが響きも大きく荒んでいるのだ。サイドガラスの厚さを削るとこういう現象が起きたりする。ガラスの厚みは中高周波の透過性を大いに左右してしまうのだ。軽量化を旗印にガラスまで薄くしたゴルフV世代のパサートでも、それは思い知らされた。だが、４代目８Ｙ系Ａ３の30ＴＦＳＩは、セダンもスポーツバックもサイドガラスは前が3.9㎜、後ろが3.2㎜と同じだった。再び考える。するとエンジンからの騒音の響きかたが違っていることに気づいた。同じエンジン同じトランスミッションで感じが違うということは、遮音材の投入の仕方が異なるということだ。そう思いついて、あらためて耳をそばだててみると、セダンの室内は少し響きがデッドだった。つまり車体剛性のみならず、仕込みも両車は違うのだ。セダンのほうがキャビンの居住性に気を遣っている。立ち位置に沿った仕込みがされているわけだ。

□操縦性にも見つけた人為

ご時節柄で人影まばらとはいえ箱根仙石原は観光地。真っ昼間に大暴れをする気はない。だからＡ３で高負荷走行はしなかった。だが20年以上も通ったエリアだから車影が途切れるのが何処かは知悉している。そんなセクションでＡ３をちょいと振り回してみた。そして分かったことは以下のとおりである。

まず基本的にアシの前後バランスは佳い。先代の７代目からゴルフはリアの懸架機構を２種使い分けている。動力性能が高いモデルにはⅤで開発した４要素マルチリンク（縦１本＋横３本）を奢るが、低いモデルはⅣまでと同じくイタルデザイン発案のトレーリングアーム中間連結型トーションビーム形式を用いる。「遅せえなら安物でいいだろと割り切りやがったな」と冷笑してはいけない。基本的にゴルフ／Ａ３は実用車ではあるが高速移動に重きを置いたドイツ車らしい仕立て。何よりもまず高速直進安定性の確保に意が向けられている。４代目ゴルフにおけるそこの遺漏がゆえフォード初代フォーカスに惨敗したことへの反省もあって、５代目のときフォーカスに倣って４要素マルチリンクを開発したわけだが、今度はサスペンションの能力的にリアが勝りがちになってしまった。高負荷の旋回に追い込んだときフロントが負けるのだ。ただ負けてズルズルと旋回軌跡が膨らむだけならまだいい。いきなり前がスッコーンと抜けてしまうのだ。

世間では無謬の名車みたいに扱われているゴルフの、隠れたそういう瑕瑾を何度も体験して視てもきたので、リアに４要素マルチリンクを用いたⅤ／Ⅵ／Ⅶ世代のゴルフに乗るときは、フロントの能力の８割以上は使わないで走るように心がけてきた。前が重いＦＷＤ車でフロント外側を沈めながら一気にドリフトアウトした場合はＥＳＰの類は役に立たない。ドリフトアウトを修正するためにはリア内輪に制動を加えるわけだが、そのときリア内輪は有効な接地荷重を失っているのだから。

リア４要素マルチリンク仕様のゴルフで、この現象を回避できるのは、前車軸にＬＳＤをオプション装着した仕様のＧＴＩあるいは４ＷＤのＲだけなのだが、実はトレーリングアーム中間連結型トーションビーム車輛も大丈夫である。こちらは前がはらむのと似たようなタイミングで後ろも逃げる。つまり前後バランスがいいのだ。

リアサスについてのこの経験則は新世代でも同じだった。旋回に入るときにブレーキを残す。そしてブレーキを弛めたぶんだけ舵を入れていく。このときルノーならフロント両輪とも地面に擦りつけながら鼻先を内側に向けてくれるが、ＶＷは内輪が浮いて、つんのめった姿勢になる。旋回指向でなく直進安定を目指した仕立てである。こうなるとフロントの軌跡は徐々に膨らんでいくわけだが、トーションビームだと同じころリアもじわり外に出ていて、何となく辻褄が合ってしまうのだ。廉いアシ万歳。乗り心地だって悪くないぞ。

そして、こうした一連のシークエンスにおいて、セダンとスポーツバックで微差が生まれていた。旋回機動の立ち上がりもリズム感でも圧倒的にスポーツバックのほうがキレがあって好印象だ。とりわけ2速3速で小回りするようなセクションでは圧勝である。かたやセダンのほうは、旋回の立ち上がりこそ大差はないが、本格的にヨー運動が発生していく段になると、明らかにその動きがスポーツバックに比してまったりしていることが分かる。トランク部分を後ろに突き出すセダンは、リアを外に振り出そうとする慣性は大きいだろうし、また先述のようにボディ後半の剛性は高いから逃げはなく、後輪が早々に踏ん張りを放棄してしまっても不思議はない。なのにセダンのリアは重厚にまったりのっそり外に出ていって最後に辻褄が合うような進行になるのだ。ということは意図的にそういう動きに仕上げているということである。

□核心の遺漏

こうして度々横道に逸れつつも2種の30TFSIアドバンストについて試乗検分を書いてきたわけだが、読んで概ね肯定的な雰囲気が濃いように感じたのではないだろうか。いやまあ、そのとおり。ここまで俎上に載せた要素項目でA3の30TFSIアドバンストは両モデルとも佳作との印象を重ねた。なのだが、その重層を一発で吹き飛ばす瑕があった。

その瑕とはブレーキである。といっても日本仕様スペシャルのパッドとかいう話ではない。VW日本法人はGTIやRを除くゴルフの主力グレードに、鳴かないカスが出ないパッドを適用してきた。ゴルフのポテンシャルバイヤーである平均的な日本人がそれを望んでいるのが分かっていたからだ。ところが代償は当然ながらあって、フェードしやすくタッチは曖昧になってしまっていた。とはいえ今回はそういう話でもない。30TFSIのブレーキは踏力と制動力の関係性が破綻していたのだ。例えば横Gがはっきり掛かっているときにペダルを踏むとタッチは明瞭で効きも踏力に対応して生まれてくれる。ところが穏やかに流しているときに踏むと、フカッとペダルが沈み込んでしまって、然るのちに押っ取り刀で制動力が立ち上がってくる。この妙な現象を感知して、初めはノックバックが起きているのではないかと疑った。ホイールベアリングの外環内環が傷んでガタが出てくるとブレーキディスクが振れながら廻ってしまって、その結果ブレーキパッドを押し返してしまう。押し返されたぶんだけペダルストロークは伸びて、制動力の立ち上がりも遅れる。自分のＢＭＷでもトヨタでもフェラーリでも発生を実体験したことのある事象である。

けれども、状況ごとにあれこれ踏みかたを変えてと暫くやってみて分かった。原因はブレーキパッドのノックバックに非ず。これは回生ブレーキの悪戯だ。

既述のように4代目Ａ3はオルタネーターを電動機に転換して加速の助勢をする。それだけでなく、減速時にはそのオルタネーターを本来の発電機として用いてエネルギーを回生している。このとき当然ながら減速の主役はフットブレーキであり、オルタネーター回生と相乗させるべく、両者の協調制御が行われる。ちなみにゴルフ／Ａ3は、この世代からブレーキの倍力装置が変わった。フットブレーキは油圧経路でペダル踏力を各輪の摺動材に伝えるが、旧来はその油圧をエンジン負圧や油圧アキュムレーターで倍力していた。しかしこれは電動機で倍力する。電動倍力そのものは採用例も珍しくなくなってきていて、ヤリスもレヴォーグも同じボッシュ製のiBoosterを採用している。ゴルフでは第7世代のときエンジンがなくてそもそも吸気負圧が存在しないＢＥＶ（電池駆動電動車）仕様や、吸気負圧が安定しないハイブリッド仕様でiBoosterが採用され、そして現行の第8世代では全面採用になった。その電動倍力とオルタネーター回生の協調が上手くいっていないのだ。という表現では生ぬるいな。事象を検分すべく右足の感覚と三半規管のGセンサーの感度を目一杯上げていたら相互関連性の崩壊そのものが鋭敏に知覚できてしまって発狂しそうになったくらい酷いのだ。

自動車論壇人の多くは歴代プリウスのブレーキに文句をつけてきた。踏力と制動力との関連性がおかしいと。これに対してプリウスは少しずつだが改良をしてきた。依然として不自然ではあるが不自然度合いは着実に減ってきてはいる。A3のブレーキはあれよりずっと不自然だ。

自動車はまずブレーキである。動力性能は高くあってほしい。けれど高い動力性能を生かすためには高いシャシー性能が要る。かつまた高いブレーキ性能も要る。でないと高い動力性能を愉しめない。人は止まれると思えるからアクセルを踏めるのだ。それをポルシェ911というクルマに教わった。

そしてまた、日本で買うにはどうしても割高になってしまうBMWやVWやアウディなどのドイツ車を、それでも買い求める意味は、ここにこそあるのだと思うようになった。欧州車への、とりわけドイツ車への信頼の核心は、ブレーキの優秀性に他ならなかった。けれどA3ではそれが崩壊してしまっている。4代目8Y系A3は多くの面で佳作であることを証明してみせたのだけれど、まさにそのブレーキの遺漏という一点においておれはこのクルマを低評価する。制御ソフトがバージョンアップして踏力と制動力の関連性が健やかになる日まで。

（FMO 2023年1月24日号）

フォルクスワーゲン異説

『午前零時の自動車評論』の17巻に載せた「フェルディナント・ポルシェという人物を振り返る」という章で、ＫｄＦ＝フォルクスワーゲンという自動車について書いた。それは１９２０年代から30年代にかけて中欧の技術者たちが生み出した英知の結晶であると。

エンジンと駆動系を一本の鋼管に剛結し、今日ではパワートレインフレームと呼ばれるそれを車体構造の背骨（バックボーン）とする形態に関して、フォルクスワーゲンに先んじていたのは、チェコのタトラＴ11だった。ウィーン近郊クロスターノイブルクの街に生まれたタトラの技術主任ハンス・レドヴィンカが、これを１９２４年に生み出した。

Ｔ11はバックボーンの前端にエンジンと変速機を、後端にデフを取り付けて鋼管内にプロペラシャフトを走らせるＦＲであったが、彼は次男のエーリヒと、プラハ工科大学（現チェコ工科大学）を出たばかりの俊英エーリヒ・ユーベラッカーとともに、これをＲＲ化。最初の市販投入は空冷Ｖ８を積んで34年に登場した大型セダンＴ77であったが、36年には水平対向４気筒ＯＨＣを積む小型のＴ97を送り出す。

フェルディナント・ポルシェ博士がＫｄＦ＝フォルクスワーゲンの初案をドイツ運輸省に

図面提出したのは１９３４年1月17日のこと。同年の６月22日にドイツ帝国自動車産業連盟（ＲＤＡ）がポルシェ設計事務所に設計と製造を正式に委託。そして初めて金属製ボディとなったＶ３試作がポルシェ博士の別荘で35年10月に5台ができあがる。37年春には量産試作Ｗ30型がダイムラー・ベンツの手によって作られ、年を越した38年1月に量産型ＶＷ38型が完成してナチス親衛隊による実走テストが始まる。

一方、タトラのＲＲ試作は１９３１年に始まっている。ＦＲ既存車の２座ボディを使って始まったその試作はＴ57と呼ばれ、翌32年に４座へと発展する（32年4月23日に出図）。そして34年にＴ77が生まれ、36年にＴ97が登場する。

そんなＴ77からＴ97に至るタトラのＲＲ車は、エンジン形式やパワートレイン配置や主体構造の他にもフォルクスワーゲンと酷似する点があった。

両者のボディ形状は、全体に丸みを帯びたフロントと、猫背で垂れ下がって裾を引きずって終わるリアから成っていて、確かに甲虫を思わせる流線型のボディ形状は酷似している。これは実は、ウィーンに生まれてプラハ工科大学で学び、ツェッペリン飛行船の船体開発に携わった空力の専門家パウル・ヤーライ博士が発案したものだった。タトラはその特許を買って、右記の32年4月の4座試作の段階から適用していたのだった。

　時代に先んじたリア独立懸架と称えられるスイングアクスルは、ウィーン生まれの技術者エドムント・ルンプラーが、フランクフルトで操業していたアドラー社に在籍した1903年に発案して特許を取得している。ルンプラーはまた変速機とデフを一体化してトランスアクスルと呼ばれる駆動系を実現した。それは彼が1921年に自身の会社から送り出したミドシップ乗用車トロップフェンヴァーゲンに必要だったからだ。20世紀に入る直前にパナール・エ・ルヴァッソール社がFR方式を提示して、以降はそれがデファクトスタンダード化していたのだが、これに対して彼は車体を上面視で涙滴型にすべく、邪魔なエンジンを車体の真ん中に置き直した。このエンジン+トランスアクスルのセットを180度廻して後端に置き直せばRRとなるのは言うまでもない。トロップフェンヴァーゲンの涙滴型ボディは、ヤーライ式の流線形の前段階とも言えた。

　言い添えるならば、生まれが中欧ではない技術もたくさんある。そもそもパワートレインを剛結したフレームをバックボーンとして用いる方法は英国ローバー社が1904年に実用化している。しかもエドマンド・ルイス技師が開発したそのフレームはなんとアルミ鋳造製だった。

水平対向エンジンは1896年に2気筒を、1900年に4気筒をベンツが作っている。そもそも黎明期のガソリンエンジンは勝手に冷えるのを期待する空冷だったし、航空機エンジンはとっくにそちらが主力になっていた。

トーションバーを用いるサスペンションは1919年4月22日にカナダ人技術者スティーヴン・コールマンが特許を取得している。ただし、特許はスタビライザーとしての使用であり、横置きしたトーションバーを縦方向アームの揺動軸として使って緩衝機構とする方法論はポルシェ研究所が特許を取得してはいるのだが。

そして、ホイールベース内からエンジンを追い出してパッケージ効率を高めるためのRRというコンセプトは、1922年にイタリアのサン・ジュストが初めて市販化。イギリスでも飛行船設計者のサー・チャールズ・デニストン・バーニーが1928年から31年にかけてアルヴィスのFWDシャシーを前後逆に使って12台を試作。これは涙滴型ボディだった。また31年にはローバーが839ccの空冷V型2気筒をリアに積む小型車を市販投入していた。ちなみにエンジンを後ろに積む涙滴型ボディで知られているのは、トム・チャーダの父ジョン・

チャーダが20年代後半から企画して31年に最終試作が完成したスタークケンバーグだと思うが、実はこれは多くの文献がRRと書いているが実はミドシップである。

こんな風にあらためて書き並べれば分かるだろう。既に自動車は1920年代には世界商品となっていて世界中で作られるようになっていた。こういう状況下で技術の進歩への模索もまた共通性を持ち始めていて右記のような発案が同時多発的に行われていた。そうした中で中欧に生まれ育った技術者が互いに先陣を競い合うように革新を切り拓いていった。そんな英知を集積して最終的に生産車としてまとめあげたのが、まずハンス・レドヴィンカであり、彼と親交のあったフェルディナント・ポルシェが続いたのである。言い添えれば、レドヴィンカのT97は、チェコを武力併合したナチス・ドイツによって生産中止を命じられて歴史から抹殺されてしまった。残ったKdF＝フォルクスワーゲンが戦後に復活して、歴史を遠望したときのエポックと解されるようになった――。天才ポルシェ博士が生んだ画期の名車フォルクスワーゲンというお話と、以上の事実の関係は、三国志演義と正史三国志のようなものである。

そうしてフォルクスワーゲンの源流を辿るときに、異説を耳にすることがある。ベラ・バレニーという技術者――なんと彼もウィーン出身だ――が、酷似したコンセプトを1920年代後半に既に図面化していたというのだ。彼こそがフォルクスワーゲンの真の発明者だというのである。本稿では、その真偽を追ってみようと思う。

ベラ・バレニーは1907年に、ウィーンを少しだけ南に外れたヒルテンベルクという街に生まれた。そのとき生国はオーストリア＝ハンガリー二重帝国の末期にあった。現在の地図で見るヒルテンベルクは、40㎞ほど南東に行けばハンガリーとの国境があり、真東に60㎞ほど行けばスロバキアとの国境があり、さらにウィーンを越えて北に60㎞ほど行けばチェコの旧モラヴィア地域という、言ってみれば中欧の節にあたる土地だった。

ベラの父エウゲン・バレニーは、スロバキアの首都ブラチスラヴァの出身で、オーストリア＝ハンガリー二重帝国に将校として軍務したのち、1895年からは士官学校の教師に転じていた。母マリアは、ケラー家という豊かな一族の出身だった。ベラの曾祖父にあたるセラフィン・ケラーは19世紀の中ごろに金属加工の工房を設立したのだが、弾薬筒を作るようになって経営規模が大躍進。屋号をヒルテンベルク・カートリッジ・カンパニーと名乗って大企業となった。

そんな風に工学で身を興した家系だったためか、ベラも6歳上の兄フリードリヒもそちらの道に進むことになった。フリードリヒはのちにユンカース社で働く技術者となり、世界初の実戦投入ジェットエンジンの開発にも携わったという。ベラもまた兄のあとを追うように、地元の高校を卒業したのちの1924年にウィーンの機械工学と電気工学の専門学校に進んだ。これを修了してベラは28年に地元オーストリアで新進の自動車メーカー、シュタイアに就職。10年ほど遡る1917年から21年まで、この会社にハンス・レドヴィンカが在籍していたのは奇遇ではある。

だが大恐慌のあおりでシュタイアの経営状態が危うくなっていくのに失望したのか、ベラはフィアットのオーストリア分社を経て、34年にアドラー社に移籍。ところが、ここでも長続きせず、エンジンをはじめとする機器のゴム製マウントを専門に製作するGETEFO (Gesellschaft für Technischen Fortschritt mbH.) に移る。ここで働いているときに、弾性材を専門とするフランスのソシエテ・パンドラスティク社に出向に出された。このときパリで知り合ったマリア・キリアンという娘が、のちの1940年に彼の妻となる。ソシエテ・パンドラスティク在籍時にベラは150の特許を取得するほど発明に才を見せたが、やがて退社して英ノートンの2輪車をノックグウン生産していたシュポルテック社に移籍してしまう。

ヒトラーが引っ掻き回して激動の時期に入っていた欧州で、こんな具合にベラ・バレニー自身もまた身の置き所が定まらない歳月を送っていたわけだが、流浪の日々は1939年に終わりを告げる。ナチスとの連繋を深めて軍産複合体の一角として肥大しつつあったダイムラー・ベンツに就職したのだ。

それはシュタイア時代の同僚で、その後も親しくしていたカール・ウィルフェルトの紹介によるものだった。この機に国籍までオーストリアを既に併合していたドイツに移したベラは、ウィルフェルトが所属するボディ設計部門で彼と机を並べて仕事をするようになる。ナチ党員にもなったため、第二次大戦後は連合国側に拘束されるが48年に解放されて職場復帰を果たす。以降1974年に定年退職するまで、ベラはダイムラー・ベンツ一筋に勤め上げることになった。

と書くといかにも平凡な技術者人生が想像されるかもしれないが、ベラ・バレニーはベンツの、否、自動車の技術史において燦然と輝く業績を残していた。自動車の安全性は受動的なそれと能動的なそれに分けられるが、彼はその双方に跨ってきわめて重要なイノベーションを成し遂げたのである。

その第一歩はダイムラー就職直前の1937年だったという。ベラは衝突時に乗員に損傷を与えないボディ構造を案出していた。未だ鋼管フレームを応力担体とする時代、そのフレームを、彼は客室直下では前から後ろに真っ直ぐ通し、前後オーバーハング部分では斜めに傾げる形状とした。こうすれば、前突もしくは後突の際に、斜めに這わせた部分は変形しやすく、真っ直ぐな部分は堪えてくれる。のちにいうクラッシャブル構造の嚆矢と言っていい形態である。

このコンセプトを彼はダイムラー・ベンツの車体設計部門において現実のクルマに適用していく。まず手始めは170V（W136系）のフレームだった。170Vは、戦後に新開発の余力が会社になかったため継続生産されて55年まで現役を張った。その中型セダンの鋼管フレーム構造を、彼は戦後型で側面衝突に耐えるものに変えた。この側突対応構造は1952年10月30日に西ドイツ特許854157号として成立した。

そしてメルセデス・ベンツは、170V系の後継車180（W120系）で鋼板溶接構造によるプラットフォーム式の準モノコック構造に移行していくのだが、ベラはそのための対応も予め用意していた。

終戦直後から拘束されるまでの期間に、彼はテラクルーザーとコンカドーロというふたつの先行開発コンセプトを試作していた。これらの車体は、キャビン部分とその前後という3つのセルに分け、キャビン部分は強固に作りつつ、前後部分は変形して衝突エネルギーを吸収するように仕立てていた。つまりフレームだけでなく、3次元の車体要素をクラッシャブル構造として機能させるアイデアだ。この構造は1951年に特許を取得し、W120系の車体もこのアイデアを取り入れて設計されて、以降のメルセデス・ベンツ車はこの方法論の車体設計を進化させつつ連綿と引き継いでいくことになる。

ベラの視線は車体のみならず他の要素にも注がれて、衝突安全の視点から新しい試みがなされた。１９４７年には衝突時に運転者がぶつかってきた際に、軸が座屈するステアリングシャフトを発案。これはＷ１１１系Ｓクラスで市販投入され、67年からアメリカ合衆国の連邦自動車安全基準ＦＭＶＳＳで法制化された。また、彼は柔らかなパッドで覆ったダッシュボードも発案しており、これもまたＦＭＶＳＳが義務化することになる。48年にはスイッチ操作で沈めてボンネット後縁に隠れるコンシールド式ワイパーを企図。現在の自動車のドアロック金具に見られる楔形の位置決めピンも、衝突時のドア外れを防止するべくベラが発案したものである。

ベラは１９６６年からは先行開発部門長ハンス・シェレンベルクのもとでタスクフォースチームを率いて、こうした受動的セーフティ案件のみならず能動的なそれまでに至るアイデアを続々と生み出した。例えばアクアプレーニング対応のトレッドパターン。ブレーキのアシスト機構。トラクションコントロール。果ては今やセンサーと電制の進歩によって一般化しつつあるアクティブクルーズコントロールも彼はとっくに発案していた。メルセデス・ベンツの公式サイトによれば、ベラ・バレニーが生み出した特許は２５００以上にも上るという。

こうした安全関係の技術に関してボルボの貢献も忘れることはできないけれど、片方の主役は間違いなくダイムラー・ベンツ。そのダイムラー・ベンツにおいてベラ・バレニーは単身その安全思想に基づくクルマづくりを推進していったのだ。

そんな安全性の父ベラ・バレニーがフォルクスワーゲンの真の発案者とはどういうことなのか。

文献と証言によれば、彼は工学専門学校の卒論に、水平対向6気筒エンジンと、そしてRRの実用車を選んだという。後者は単にRRであるのみならず、用いられるエンジンは水平対向で、これを車体フロア部を前後に貫く鋼管と剛結してパワートレインフレーム化し、さらに4座の車体を甲虫のような流線型とした。遺された図面を眺めれば、側面ウエストラインが弧を描いていて造形こそ生硬いし、書き込まれた寸法は少し大きいけれど、基本パッケージにおいてまさしくフォルクスワーゲンそのものである。ベラが工学専門学校を卒業したのは1926年ごろとされる。つまりKdF＝フォルクスワーゲンよりもタトラT97よりも10年先んじているのだ。

	全長×全幅×全高	軸距	車重	排気量
KdF	3900×1500×1500㎜	2400㎜	750kg	985cc
戦後市販版VW	4064×1549×1630㎜	2400㎜	755kg	1131cc
T97	4270×1610×1450㎜	2600㎜	1150kg	1749cc
バレニー車	4570×?×1450㎜	2640㎜	?	?

【註】KdFとT97は1936年モデル、戦後市販版VWは1945年モデル。

ベラは、転職先を探していた1932年にポルシェ研究所も訪問して面接を受けて、その際にこのRR車のコンセプト図面も持参したのだという。しかし、ポルシェには採用されなかった。

それも道理である。ポルシェ研究所は1931年9月にツェンダップからの依頼で、フォルクスワーゲン先駆車と言える4座RRで甲虫型ボディの実用車の設計を既に開始していたのだ。このRR車のエンジンは空冷水平対向4気筒または直列3気筒だったが、依頼主のたっての希望で空冷星型5気筒となった。ポルシェ事務所設計番号（タイプ）12となるこれは、ツェンダップが資金調達に失敗してお蔵入りとなるのだが、翌32年にはNSUが同じような依頼をしてくる。こちらは原案どおりの1.5ℓ空冷水平対向4気筒で33年に仕上がったが、こちらも廃案になった。そのときドイツ国内に2輪ブームが勃発していて、ツェンダップはもちろんNSUもその需要に応えるための生産に注力しなければならなかったのだ。

つまり、何も知らないベラは6年前の図面をこれぞ新時代の斬新な実用車だと提示したのだろうが、ポルシェ側ではとうに同様のクルマを製図どころか実機製作していたのだ。

とはいえ図面製作時期については、明らかにベラのほうが早いことは確かだ。そのことを彼は主張していたようだが、戦後に有卦に入ってビートルを大量生産するVWに対して権利侵害の訴訟を起こした様子はない。彼の主張を、夢でも見たのかと嘲笑った自動車評論家に対して名誉棄損の訴訟を起こして勝訴したことが記録に残っているだけだ。

それもまた当然だろう。アイデアは所詮アイデアである。当時の西ドイツの司法が、知的所有権や特許に関して、様々に規定されるそれらのうちどの論拠を判断の軸にしていたかは不勉強にして知らないけれど、若く貧乏な就職浪人だったベラはその資金に乏しくて特許を出願しておらず、かたやポルシェは現実の製品とした。

ここで想い出すのがアメリカ合衆国のジョージ・ボールドウィン・セルデンである。彼はエンジンで走る自働車を創案して、これを図面に起こして、ベンツ3輪車が誕生する3年前の1895年11月5日に特許を取得した。セルデンの案は単気筒を座席背後にミド置きするベンツとは違って、3気筒を前軸直上に置くFWD車（！）であったが、それを除けば自走機械としてのフォーマットは同じである。

ところがセルデンは、これを現実に製作する手立ては持たず、案は案のままでしかなかった。しかも彼がこれを案出したのは、申請よりもずっと前だった。2013年までアメリカ合衆国の特許制度は先願主義（先に出願した者に特許を与える）ではなく、先発明主義だった。出願に後れを取っても、先に発明した証拠があれば特許が認められるのである。これを利用してセルデンは、ぎりぎりまで出願を遅らせたのだ。そのころの特許有効期限は17年。真っ当に機能する自動車を誰かが生み出して、それが売れまくる時を待ち構えて、すかさず特許を持ち出して莫大なパテント料を全米の自動車会社からせしめようとしたのである。

全米の自動車メーカーは、この狡猾な手口が正当化されたときの支払い総額の膨大さに震えあがったが、１９０３年にヘンリー・フォードが４社をとりまとめて裁判を受けて立ち、異例に長い審理ののち１９１１年に勝訴してセルデンの目論みは失敗に終わった。ちなみに、セルデンは裁判中の自身の図面に基づいて１９０５年に初めて実車を製作した。そのころ自動車は赤子の時期をとうに脱して成長期に入っていたから、要素技術はどうにでもなったのだ。

仮にドイツの特許法がアメリカ合衆国と同じ先発明主義であったら、ベラ・バレニーにフォルクスワーゲンの特許があると認められたかもしれないが、昔から欧州は先願主義だったはずだから、そういう事態にはならなかったのだろう。そもそもフォルクスワーゲンは、単なる設計の巧緻ではなく、これを廉価に大量生産することまで含めたところに存在意義がある自動車だ。既に実践経験が豊富にあり、アメリカに渡ってフォードの大量生産システムまで学んでいたポルシェに対して、学生だったベラはそこに知見があろうはずがない。フェルディナント・ポルシェをフォルクスワーゲンの「発明者」としては認めることはできないけれど、それ以上に存在意義に照らしてベラ・バレニーがそうだとは認められない。国民車と呼ばれるような廉価で大量生産する実用車は、プロフェッショナルの領域の産物であって、素人同然が入り込む余地はない機械である。

それでも精神のステージで工学や技術に敬意を払うドイツ人はベラに対してもその姿勢を適用したようである。横浜国大の経営学名誉教授、吉森賢によれば、ポルシェ社において歴史文書管理を担当するランデンベルガーがバレニー生誕100周年を記念する日刊商業経済紙の特集に「ベラ・バレニーはのちのVWビートルの特許権に決定的な貢献をした」とのコメントを寄せたことや、VWは公式サイトで彼の発案を「国民車フォルクスワーゲンの車台原型図面」と表現したとのことだ。商売でなく頭脳の働きに関して彼を賞賛しているのだ。

本稿の見出しに「フォルクスワーゲン異説」と題したのは、こういう経緯があったからである。

最後に安全性に関してひとつ逸話を。

ベラの曾祖父セラフィン・ケラーが興したヒルテンベルク・カートリッジ・カンパニーは、今もなおオーストリアで規模を拡大して企業連合体に膨れ上がって健在である。その企業グループの中には自動車産業に関わるヒルテンベルク・オートモーティブ・セーフティ社もある。この会社はシートベルトを衝突時に引き込むプリテンショナーの火薬筒を製造している。

言ってみればセラフィン・ケラーは武器商人として成り上がったわけで、その曾孫が人間を守る安全性の確立に技術者人生を捧げたのは皮肉なことに思える。そしてプリテンショナーが1981年にW126系Sクラスで市販投入されたことで、曾祖父と曾孫は一縷とはいえ繋がることになったのだ。

（FMO 2017年12月19日号）

純正オーディオ比較テスト

かつて青春の三種の神器はクルマと女と音楽だった。この三種の神器は相互に関連していた。二番目の神器を手にするために必死で稼いでクルマを買った。買ったクルマに搭載されてもらうには別次元の艱難辛苦が要ったわけだが……。それに比べたら音楽を搭載するのは楽だった。カーオーディオ機器を装着するだけでいいのだから。

70年代に免許を取ったおれの場合、初めて遭遇したカーオーディオ機器は、実家にあった30系カローラに標準装備された富士通テン製。あれはカセットプレイヤーがＡＭラジオ以下の音を出す悲惨な代物だった。それから半世紀近くが経った２０２２年。最新モデルに搭載された純正カーオーディオの比較試聴をすることになった。果たして最新の機器はどんな音を再生してくれるのだろうか――。

と、その前にカーオーディオの歴史を復習してみよう。

自動車に音が出る装置を搭載するという発想は、自動車エンジニアリングの概要が固まり始めた20世紀初頭の時点で既に存在した。現存する最も古い記録だと１９０４年。音を出す装置は無線受信器である。場所は自動車を富裕層の遊び道具ではなく大衆の日常の役に立つ道具として育てていくことになるアメリカ合衆国。セントルイスで開催された万国博覧会にて、音楽を無線で送って受信器で発音するデモンストレーションが行われたのだそうだ。考えてみれば一方通行か双方向かの違いはあれど、ラジオも無線も音声を電波にして送るという点では同じ。今でもラジオライフという誌名で無線に関する情報を扱っている雑誌があるくらいだ。

だが第一次大戦時に一般市民の無線通信は軍事上の障害になるという理由で制限される。アマチュア無線が解放されるのは第一次大戦後のことである。そして1920年代に入ったころ、アメリカ合衆国の電波行政におけるアマチュア無線とラジオ放送の鍔迫り合いに決着がつき、ピッツバーグでAMラジオ局KDKAが開局して史上初の商業放送が始まった。20年代後半のアメリカではRCAがNBCを開局し、コロムビア・レコードが後援してCBSが生まれる。そして30年代にはベル研究所によって有線で東海岸と西海岸を結んで基地局の放送を全米各州に高音質で伝送するシステムが構築され、所謂ラジオデイズが始まる。ラジオこそが最大最強のエンターテイメントであった。

こういう状況に対して当然ながら自動車も対応していく。真空管を用いた当時のラジオ受信機はかなり大柄だったのだが、それでも単に置いておくのではなくインストールして装備品のひとつとする流行が起きた。ネットを渉猟すると初の例は1924年でオーストラリアのディーラーという話になっている。だがまあ、そんなことは世界中どこでも行われていただろう。とりわけ欧州では、エンジンを載せたシャシーを買ってコーチビルダーに上屋を架装させるという別注フォーマットが、自動車などというものを買うことができる富裕層のあいだでは常道だった時代である。当時の自動車の脆弱な直流6V電装系でも稼働するラジオを調達してきて内装にインストールさせるような注文はいくらでもあっただろう。

同じころアメリカ合衆国ではT型フォードが牽引して自動車の大衆化が急進していた。そのT型の後継車となったA型の正札が540米ドルだった30年代初頭に、モトローラ社の発展基盤となったカーラジオの価格は130米ドルだったという。車体価格の4分の1もしたのだ。間違いなく奢侈品である。だが、車輛本体がもっと高い中~高級車だと、車載ラジオは標準装備が常識になっていく。ちなみに、1960年代以前に生まれた皆さんなら、プリセットされた放送局の周波数に合わせる作業がボタンひと押しで済むカーラジオを覚えていると思うが、このボタン選曲システムは30年代の時点で既に存在していたりする。

第二次大戦後になるとFM放送が広まり、また受信機もトランジスターを使って小型化していくのだが、西側の覇者となって調子こきまくって、望めば何でもの万能感に充ちていたアメリカ合衆国は、車載オーディオの世界でもマジかよ級のゴリ押しをした。レコードプレイヤーをダッシュボードに埋め込んでしまったのだ。アメ車がテールフィン期にいたころである。記録を辿ればオプション扱いながら純正装着したのは1956年型のクライスラーが初だそうだ。

ちなみに、アメリカのソフト産業は1940年代末にSPから次世代メディアに移行しようとしていて、CBSが33⅓rpmの30cmLPを、RCAが45rpmの17cmEPを推して争っていたのだが、1950年の1月に両者は矛を収めてジャズやクラシックが前者、流行歌が後者という形に落ち着いたところだった。この状況下で生まれた車載レコードプレイヤーは機器のサイズが小さくて済むEPが主だった。針飛びがしないかと心配になるが、ターンテーブルを目一杯フローティングマウントするのは当然として、猛烈な高針圧でトーンアームを盤に圧しつけたのだろう。言い添えると、CBSは針飛びのリスクを減じるべく33⅓rpm

の半速となる16⅔rpmの盤を発売したという。まあ何れにせよ当時のアメ車はダッフンダッフンの弛いアシだから走行しながらの再生はほとんど無理だったろう。停めた状態でシングル1曲もしくは2曲を聴く。それでもレコード屋で買ったばかりのヒット曲をその場で聴けるという転換は衝撃的だったはずだ。

だが、1965年に革命が起きる。RCAが8トラック式の再生メディアを送り出したのだ。これはレコード盤と同じく予めソフト産業が音源を4分の1インチ幅の磁気テープに録音しておく再生専用メディアだったが、再生をする機器の可搬性が一気に上がり、また振動に対する耐性も激増し、そして2chステレオ再生となった。おれの朧げな記憶だと、少し年上のイケてるパイセンはアメ車に8トラでジェームス・ブラウンやスタイリスティックスだった気がする。もちろん行き先はキャステル東京だ。

そして1970年代の後半に情勢は一変する。カセットテープの大ブレイクだ。8トラックより少し前にフィリップス社が送り出したこのメディアは、初めは会議の記録や英会話学習用といった手軽なメディアとして認識されていたが、小型高性能化となるとブースト圧がリショルム過給並みに爆上がりする日本の電機メーカーが挙って音質改善に乗り出して、70

年代に入るとホームオーディオ用の高性能ステレオデッキが続々と誕生し、そんな物には手が出ない若年層に向けた廉価なラジカセの隆盛を経て、79年のウォークマンの発売に至る。この最終段階に至る前にオープンリール式テープデッキや8トラック再生機は滅びゆく王朝という様相が明白となり、カセットが絶対王座に君臨するのである。ウォークマンに目もくれずバイト代を注ぎ込んでパイオニア製のオープンデッキを買ったおれは変なヤツ扱いされてましたなあ。

ともあれ、そうした流れを受けて車載オーディオ装置も一気にカセットに転換する。しかも、カセット再生部のみならずラジオ部やグラフィックイコライザー部などの独立コンポーネンツを幾つも重畳させる形態の商品が、パイオニアのロンサム・カーボーイを筆頭に続々と送り出されて一世を風靡した。

ちなみに70年代から80年代にかけてのころ、カセット再生を軸としたこうした車載オーディオ機器は、助手席側グローブボックス下にエクステンション金具を介して吊り下げる形で装着されて、急減速時や衝突時には助手席に鎮座する彼女のニークラッシャーとして機能してしまったが、80年代後半に状況は改善する。ドイツ工業規格ＤＩＮがダッシュボードに埋め込むオーディオ機器のサイズを全幅180㎜×全高50㎜に統一する旨を定め、84年には国際標準規格がISO7736としてこれを追認したのだ。それを契機に各自動車メーカーはこの規格でオーディオ収容スペースをダッシュに場所取りし、機器メーカーも製品をこのサイズに統一することになった。また配線や固定金具の仕様もほぼ統一されており、おかげで素人でも1時間ちょっとあれば機器を換装できるようになった。

こうしたレイアウト上の収斂の先に待っていたのがCDというメディアの登場である。1982年に初の市場投入が行われた光学によるこのデジタル記憶メディアは、86年には販売枚数でLPを追い越し、1990年を迎えるころになると完全に状況の転換は終わったと言ってよかった。もちろん車載オーディオもカセットからCDに移行。日本の電機メーカーは、ここでも小型化と高機能化という自家薬籠中の得意技を繰り出して、CD再生部のみならずAM／FMラジオ受信部と音量調整と音質調整とパワーアンプ部を1DINサイズの筐体に押し込めることに成功する。以降これがデファクトスタンダード化していった。

次の転換への胎動は、実はCD登場の直後に起きている。アメリカ合衆国が、それまで軍事専用だった衛星測位システムGPSを民間用途にも開放した。これによってナビゲーション機器の開発が加速。1990年に入るとパイオニアが「道は星に聞く。」の惹句で世界初のGPSナビゲーション機を発売。92年にはアイシンAWが人声案内機能を付加。こうしてナビの形態が定まった。

定まったのはいいが問題は液晶画面である。初めナビは後付けのアフターマーケット用から販売が広がっていき、液晶画面は筐体をダッシュの上に載せて固定金具や粘着テープで貼り付けるような粗雑な形態が主だったが、90年代の終わりになると自動車側がナビを純正装着化して、液晶ディスプレイをダッシュボードに埋め込むレイアウトを採る例が多数を占めるようになってくる。追い出されたCDプレイヤーやAM／FMラジオはナビゲーション機の筐体の中に封じ込められ、液晶画面を上に開くとCDを飲み込むスロットが現れる形態が当たり前になっていった。

この状況は現在も続いている。VW／アウディ組はメータークラスター内を液晶画面で埋めて、そこに速度計やタコや燃料計など従来の情報提示を行いつつナビ画面と共存させるコンフィグレーションを採用したが、運転中に視る地図は進行方向を知りたいのだから縦長が適しているという論理性とそれは合致しないものであり、マクラーレンやボルボが先陣を切った縦長画面というレイアウトがこれから多勢を占めていくはずだ。

さて、グッドデザイン審査員をやっていたころからナビ画面は縦長にしろ何なら前方投影化しろと喚き続けたおれも、こうして様相が一段落したので口を慎んでいるのだが、困ったことが発生していることに気がついた。それはオーディオ再生機の自由度が事実上消滅してしまった点だ。音楽を聴く行為を趣味としている者にとって、オーディオ再生機は単なる機能部品でなく嗜好品だ。なのに現在の自動車だとナビとともにメーカーが用意した品物を甘んじて受け入れるしかないのだ。もちろんお金を積めばナビ内蔵のオーディオ機器を換装できることは知っている。専門業者の工房でその作業を見たこともある。だが、そこまでしたくないのは当然だ。7桁に届くこともあるその作業工賃をポンと払えるそうした工房の顧客は往々にしてホームオーディオ趣味とは無縁だったりするのだが、ホームオーディオに長年のあいだ時間と気力とお金を費やしてきた者たちは、その金額をホーム用に投資したときの効果の大きさを知悉しているから馬鹿馬鹿しくて、そんなことはしない。

こういう状況だから、2022年の今、メーカーが純正装着した車載オーディオの能力は重い意味を持つのだ――。

□お品書き

今回のテストで組上に載せるのは単なる純正オーディオではなくホームオーディオの世界でも通用する銘柄の品物が中心である。ただし、その銘柄品がいかほどのものかをはっきりさせるために、同じクルマで通常装着した品物の試聴も組み込まれている。車種を挙げてみよう。

マツダ3ファストバック【マツダ・ハーモニック・アコースティックス】
マツダ3ファストバック【ボーズサウンドシステム】
日産ノート・オーラ【BOSEパーソナルプラスサウンドシステム】
ホンダ・シビック【BOSEプレミアムサウンドシステム】
三菱アウトランダーPHEV【BOSEプレミアムサウンドシステム】

トヨタ・ランドクルーザー【JBLプレミアムサウンドシステム】
スバル・レガシィ・アウトバック【ハーマンカードンサウンドシステム】
レクサスLX600【〝マークレビンソン〟リファレンス3Dサラウンドサウンドシステム】

試聴に用いたソースは以下のとおり。

《クラシック系》
・ラヴェル「ボレロ」ピエール・ブーレーズ指揮ベルリン・フィル（独グラモフォン）
・バッハ「フルートソナタ集vol.1」ジャネット・シー、デイヴィッド・モロニー（ハルモニア・ムンディ）
・ショパン「前奏曲集」シプリアン・カツァリス（SMJ）
・「アマート・ベネ」アナスタシア・ペトリシャク（ソニーEU）
《ジャズ系》
・アート・ペッパー「ミーツ・ザ・リズム・セクション」（アナログプロダクツ・ゴールドシリー

ズ・リマスター)
・デニー・ザイトリン「タイム・リメンバーズ・ワン・タイム・ワンス」(ECM)
・チャーリー・ヘイデン&パット・メセニー「ビヨンド・ザ・ミズーリ・スカイ」(エマーシー)
・ポール・ブレイ「マイ・スタンダーズ」(スティープルチェイス)
・安次嶺悟「フォー・ラヴァーズ」(ブルーラボ)

《唄もの系》

・ギリアン・ウェルチ「ソウル・ジャーニー」(アコニー)
・インゲル・マリエ・グンナシェン「メイク・ジス・モーメント」(スタント)
・k.d.ラング「ヒムズ・オブ・ザ・フォーティーナインス・パラレル」(ノンサッチ)
・マデリン・ペルー「ハーフ・ザ・パーフェクト・ワールド」(ラウンダー)
・シンガーズ・アンリミテッド「フィーリング・フリー」(MPS)
・マイケル・ジャクソン「メロウ・マイケル」(モータウン)
・フランク・シナトラ「ドーシー/シナトラ セッションズvol.1」(RCA)
・山下達郎「フォー・ユー」(RVC)

《ロック系》

・ビートルズ「赤盤」「青盤」(キャピトル2010リマスター)

・デスティーナ＝若井望「メタル・ソウルズ」(ワードレコーズ)

・ラディエイション・シティ「アニマルズ・イン・ザ・メディアン(デラックス版)」(テンダー・ラヴィング・エンパイア)

・レッド・ツェッペリン「Ⅲ」(アトランティック)

・レニー・クラヴィッツ「ママ・セッド」(ヴァージン)

《民族音楽系》

・パコ・デ・ルシア「インテルプレタ・ア・マヌエル・デ・ファリャ」(ポリグラム)

以上の音源をCDからリッピングしたWAVデータのままUSBフラッシュメモリーに入れて持参した。新しくて00年代録音のものだったりするのは見逃してほしい。こちとら還暦の爺さんなのだ。爺さんが何度も様々な再生機器で聴いてきて「こんな風に鳴るはず」「こんな風に鳴ってくれないと嫌だ」てな音響イメージが脳内にできあがっているものを選んだ。

この他にピンクノイズとホワイトノイズの音源、そして自作したDTMのトラックを数曲。かつて自分で打ち込んで自分で楽器を弾いて自分でミックスダウンからマスタリングまでやったものだから、これほど再生機器の特徴が手に取るように分かるソースはない。

となると残る不安は自分の聴取能力である。これが自動車であれば、前に乗ったクルマが何であれ、絶対的な基準が自分の中に刻んであるからブレることはないと自信を持てるのだが、音となるとそこまで確信は持てぬ。秋葉原の電気街に入り浸っていた小中学生のころから半世紀、それなりに自身の基準はあるけれどこれを生業としている人たちほどの練度ではない。日によって判断が微妙に揺れるかもしれない。そこで試聴に出かける前に、右記の音源を愛用のD／Aコンバーターに直挿ししたヘッドフォンで聴いて、こちらの聴覚感度の揺れがないか確認することにした。用いたヘッドフォンはソニーMDR－CD900STとMDR－7506プロフェッショナルの両方だ。

前者は20年以上も日本の録音スタジオで定番モニターとして君臨するヘッドフォン。業務用機器の分類なので保証がつかない代わりに所謂ソニータイマーは装備していないようで、

10年ほど使っているが消耗品のイヤーパッド以外を補修したことがない。後者はCD900STそっくりの外観で電線がカールコードになるくらいしか違いは一瞥では分からないのだが、実態はDJ用途まで考慮に入れている様子もあるコンシューマー用製品。「CD900STでモニターするとガキ向けJ-POPの音になる」「ガイコクでは7506でモニターしてる」などと欧米コンプレックス丸出しのコメントが界隈に溢れていて、こっちを使うのが通だみたいな雰囲気もある。だが両者を比較試聴した記事を見たことがない。みんな伝聞と雰囲気でテキトーに語っているだけなのだ。ならば自分で比べてみようと7506プロフェッショナルを買って比べてみた。すると、7506のほうが50Hzあたりの圧迫感混じりの重低音が強い。代わりに100~200Hzあたりのベースの音程感を醸成する低音域が薄い。またCD900STでは3kHz近辺が耳につくことがあり、それが件のガキ向けJ-POPみたいな誇りに繋がったり、一方で残響系のエフェクトの精査をしやすくしていたりするのだが、7506ではそのあたりの周波数域が大人しい。しかし、そのすぐ上の5kHzあたりに強い癖がある。ドンシャリ中抜けでズンズンシャカシャカキンキンする俗っぽい音なのはこっちのほうなのだ。何ともDJ向きである。と同時に気がついた。こりゃドイツ人は好きだろうなあと。そういう両方のヘッドフォンで聴いて、自分の耳がどっちかに偏っていないか確認するのである。

言い添えておくと、以前から iPhone にインストールしてあるスペクトルアナライザーのアプリは使わないことにした。あれは定常騒音の傾向を視るのには役に立つが、時間軸まで考慮に入れなくてはならない楽音の精査には向いていないのだ。日産がR34系スカイラインの車体を設計するときに、従来のねじり試験機のデータに時間軸というファクターを追加することで、剛性感と剛性データとの擦り合わせに一定の成果を見たという話と理屈的には同じことである。

□マツダ3標準装備品を聴く

というわけで試聴の開始だ。濃灰色と緋色のマツダ3が目の前に仲よく並んでいる。片方が標準オーディオでもう片方がＢＯＳＥ。おあつらえ向きに同車種同グレードでオーディオ違いが揃って居並んで交互に試聴できるとは実に有難い。今朝も2機のヘッドフォンで脳内にある音の判断基準は洗い直してあるけれど、聴いた印象を伝えるとき二者を比べたほうが分かりやすいはずだもの。

手始めに濃灰色へ乗り込む。まずは喋ったり内装を擦ったりホワイトノイズを再生したりしてルームアコースティックの仕上がりを検分する。少しカサついた感じがする。3～5kHzあたりにピークがありそうだ。日本車よりドイツ車に近い仕立てだ。

室内音の設えは国によってけっこう違う。ドイツ車――民族資本系のベンツBMWアウディVW――は内装を撫でるとカサカサした音が驚くほど響く。周波数にして3～5kHzあたりの帯域だ。かたや伊仏勢は響きがずっと柔らかくなる。日本車もそっちに似ている。なぜこうなるかというと、それは話し言葉の違いだろう。ゲルマン語系の言葉はカッとかシュッとかの子音が特徴的。これを明瞭に聞き取れるよう件の帯域が響きやすく仕立てるのだ。かたやフランス語はくぐもるし、イタリア語はさらに柔らかい。それにまた英語やドイツ語は強弱でアクセントをつけるが、イタリア語は音高でアクセントをつけるから、さらに弦楽のように聴こえる。そして伊仏の自動車はルームアコースティックも中高域を強調しない柔らかに響く仕立てになっている。自動車の設計がグローバル化して均質化してきているが、このあたりは依然としてお国柄が残っていたりするのだ。

さて日本語だ。日本語はイタリア語と同じく音高アクセントだが、子音よりも母音が大事になる言語である。だから中音域が聴きやすい音仕立てが適する。なのだがトヨタは初代セルシオで面白いことをした。世界一の静粛性を狙って吸音材を大量投入してひたすらデッドに設えて無響室みたいな特性に仕立て、なおかつ言葉を聴き取りやすくするために1kHz近傍だけ残した。何とも特異なこの仕立ては徐々に緩んできたが、基本的に今もトヨタ車はカサつく帯域を吸い取る方向の仕立てに聴こえる。静粛性は担保しつつ、低い話し声でも聴き取りやすくという面では一定の成果は出せていると思うが、布団蒸しに遭っているみたいに頭がぼうっとしてくる妙な感覚があって好ましくはない。一時期、森慶太さんがしばしば口にしていた「トヨタお化け」の正体はこれなのかもしれない。

と話は逸れたがマツダ3、要するにルームアコースティックの仕立てが日本車的ではなくドイツ車的な色が濃いのだ。中欧東欧に市場を広げるマツダだからなのか。それとも音振チューニングを中欧のコンサルタント会社に委託しているのか。仕向け地別にチューニングを変える余裕はないのかもしれないが、であればもう少し彼我の中間的な性格にしたほうがいいのでは。とか思いながら、ふと横を見ればマツダ3のサイドウインドウの見切りは異様に高くて、窓は上下に狭く、室内にいるとトーチカに押し込められたみたいな閉塞感がある。窓の見切りを乗員の肩より上にしてガラス面を小さく——言ってみれば防御的に——したがるドイツ流を極端に推し進めたデザインだ。その意味では一貫性があるわけだ。

□時間的整合性という頸木

そんなことを考えながらオーディオ系の設定を確認していく。トーンコントロールは全てフラット。もちろんラウドネスはオフ。アンビエントなど音場を遊ぶエフェクト類もオフにする。

ここで問題になるのが定位の設定だ。現代の車載オーディオはたくさんのスピーカーを使っている。マツダ3のこの標準仕様でも、ダッシュボード左右端それぞれに低域を受け持つウーファーが埋め込まれ、左右ドア内張りに中域を担当するφ8㎝スコーカーが配され、加えて左右Aピラー基部に高域を受け持つφ2.5㎝ツイーターが設置される。さらに後ろのドア内張りにもφ8㎝スコーカーが配される。〆て8本のスピーカーが鳴るのだ。

純正オーディオにおけるこういうスピーカーの多重構成は、80年代にツイーターをダッシュ上に追加する形で萌芽し、90年代にそれがマルチウェイに増殖したように記憶しているが、これが困りものなのだ。

そもそも2chでステレオ録音したソフトの再生は左右のスピーカーから等距離に両耳を持ってくること、言い換えればスピーカーと頭が二等辺三角形を描くような位置取りをするのが鉄則である。

ただしソフト側を時系列的に振り返るなら、商業音源にステレオ版が登場したばかりの1960年代では、左右分離能力が低い再生機器が多かった（スピーカーに入る以前で信号が左右で混濁してしまう）ので、制作側がミックスダウン時にひとつひとつの楽器を思い切り左右に振り分けてしまう措置を採っていた。マニア界隈で謗られるピンポンステレオだ。そうしないと「ステレオじゃねえ」と怒鳴り込んでくるクレーマーが増殖しそうだったから仕方なかったのだ。

しかし機器の性能が上がってきた70年代中盤ごろに英ＢＢＣが先導する形でサウンドス

テージという概念が生まれる。これは実演の舞台で並んでいる様子を再現するように各楽器が出す音の左右位置をレイアウトしてミックスダウンしていくもの。さらに装置の分解能が上がった80年代には、位相が捻じれた余韻や残響音をきっちり再生することで、前後の位置関係まで再現できるようになった。

こうした発展は、あくまで左右のスピーカーが聴取者と精確に二等辺三角形を描くから得られる音響なのだ。加えて言うなら、前後左右をきっちり表現するために、帯域別にスピーカーを用意する2ウェイや3ウェイ式では、それぞれの発音源の前後位置を揃える必要がある。1970年代後半にリニアフェイズなどと称して、ウーファーとスコーカーとツイーターをマウントする深さをそれぞれ変えたスピーカーシステムをテクニクスやソニーが送り出したのは、そういった知見に基づく開発の結果であった。ことほど左様に聴取者の頭とスピーカーの位置関係はシビアなのだ。

という事実を知ってから車載オーディオを眺めるとそこはもうカオスである。

このマツダ3標準機でもツイーターとスコーカーとウーファーはリニアフェイズどころか

四方八方に泣き別れである。右チャンネルの音を出す右のスピーカーと、左チャンネルの音を出す左のスピーカーは、運転席に坐った聴取者の頭との距離が2倍以上も違ってくる。これが単にサウンドステージの再現ができなくなるだけならまだいい。真ん中に定位して音楽の主役になる歌やソロ楽器は、左右チャンネルから等しい音が出ているから中央定位しているのだが、頭とスピーカーの距離が大きく違っていたら、右から来る音の波と左から来る音の波が干渉し合って定位が乱れるだけでなく音色まで濁ってしまう。

実はこの問題は、90年代にタイムアライメント整合という技でパイオニアが解決していた。

CDにしろUSBメモリーにしろ、デジタルデータをアナログ信号に変換する際は、リアルタイムでそれを行っているわりではない。いったん機器に読み込んだデータを短時間メモリーしておいて、少し遅らせてからアナログ信号に直してアンプ系へ送っている。この動作で時間の余裕を作っているおかげで、例えばクルマのアシまわりが間抜けで突き上げが激しくてCD読み取り時にトラッキングエラーが発生したとしても、読み損なったデータを演算で推測して穴埋めした上でアナログ出力するから再生音が途切れたりしないのだ。

この仕組みを応用して、頭に近いほうのスピーカーの音をそのぶん遅らせれば、左右チャンネルの音は均等に聴取者へ届く理屈である。これをパイオニアはタイムアライメントすなわち時間的整合性を取るという言いかたで打ち出したわけだが、徹底していたのは車輌にインストールした際、テスト音を再生して付属品のマイクで拾ってプロットし、分析結果を遅延量に反映させる手続きを執らせてタイムアライメントの精確性を担保していたこと。さらには同時に出した信号とマイクで拾った信号の周波数特性の差もプロットし、そこに鑑みて左右でイコライザーの効かせかたを違えていた。時間的整合性すなわち位相特性と周波数特性の両輪で車載オーディオの宿痾を解消せんとしたのだ。

実はその成果は体験している。２００８年と記憶しているが、この機能を実装したパイオニアの製品を、ＡＵＴＯＣＡＲ日本版で何度もご一緒したオーディオ評論家の内藤毅さんの薦めで買ってみて、効果の覿面に驚いた。装着したクルマは洒落で買ったポンコツのアウディ80最廉価グレードＦＷＤ版で、スピーカーは標準搭載のへっぽこフルレンジだったのだが、いきなり真っ当な音に変わってしまったのだ。もちろんスピーカー単体のトランスデュース能力は知れたものだから周波数レンジは狭いままだったが、混濁していた音色が目覚ましくすっきり澄んだのだ。長いあいだホームオーディオで七転八倒した結果、スピーカーにキャラクターや守備範囲はあるけれど、良否を言いたくなるときはそれ以前の再生機や増幅系に問題があるとおれは思うようになったのだが、それが実証されたような激変だった。

爾来おれはクルマを買い替えるたびに、そのヘッドユニットを移設してタイムアライメントとイコライジングの調整を行ってきた。その効果を重く見て尊重していたからだ。ところがナビゲーション機器とオーディオ再生機が一体化して標準装備という時代が来て困惑した。これではタイムアライメントと周波数特性の調整を利かせた澄んだ音が聴けないではないか。それなりのクラスの車載オーディオ機の中には、左右や前後のバランス調整機能に若干のタイムアライメント機能が付加されていることもあるようだし、ものによっては開発時に装着する車輛固有の時間的整合性や周波数特性と擦り合わせている例もあるらしい。だが、そういった機器の左右や前後のバランス調整は、運転席／前席中央／室内中央／後席中央を選べる程度で、運転席を選択してもあのときのサウンド刷新感は得られない。何となく定位が動くくらいの感じである。

定位の調整についてのこうした現状を知っていたので、どうせ精確な時間的整合性が望めないのであればと諦めて、左右も前後も真ん中に定位させるデフォルト設定で行くことにしたのだ。

そしてマツダ3標準オーディオで持ち込んだソースを次々に再生してみた。

総じて乾いた鳴りかただ。既述した室内のドイツ風な周波数特性が効いているのだろう。ただ、それだけでなく潤いがないように感じる。しこたま使った吸音材が中音域を吸い取っているのかもしれない。ディーゼル車が増えた00年代以降NVH対策でそういう仕立てをする例が多くなってきた。

それゆえか、音源からマイクを離して響きまで録ろうとした弦楽四重奏などはかなり苦手そうだ。響きが痩せぎすになっている。そうやって響きが吸い取られているのと同時に刺々しい音も吸収されているようで、嫌な音はしないけれど。

一方で無理に低域を押し出そうとせずアッサリさばいているところには好感が持てる。1990年代にスーパーウーファーを追加するのが流行って、地響きのような重低音を出せるのが高級という風潮が生まれた。クラブ音楽やEDMでは重低音が短い周期で反復し続けてドラッグ服用時的な酩酊を聴く者にもたらす。だが、そうした端的な音響効果を基軸にした音楽とは違って、旋律と和声と拍動とが三位一体となって形成される旧来的音楽の場合だと、過剰な低音は却って邪魔になるのだ。車載用スーパーウーファーは箱の構造で低音を響かせるから、振動板そのものが音波を発する高域に対して、物理的にどうしても遅れてしまう。その結果、バスドラやベースの迫力だけは出るが、曲全体のリズム感が悪くなりやすいのである。

マツダ3の標準オーディオは、その罠は承知だと言わんばかりにローを巧く処理しているわけだ。特記すべきところは見つからないが普通に悪くない。週に何度も通うお気に入りの定食屋さんとでも言いましょうか。

□ならばBOSE製はいかに

ではオプションになるBOSE製はどれほどの力量を見せてくれるのか。8万円弱の追い金を払う価値はあるのだろうか。

BOSEという音響機器メーカーは、創設期の看板商品だった901のときから知っている。ちょくちょく通っていた新大久保のジャズ廃盤屋さんが使っていたからだ。そのときは中音域ばかりが突出してバリッと張り出す変わった音だなあと思っていた。901は、スピーカーユニットを前面は1本だけにして、かたや背面には8本も配するという異様な設計。その意図は背面からの音を周囲の壁に反射させてコンサートホールの再現をしようと目論んだものだった。広くて響きやすい欧米の居間ならこの意図は十全に発揮できるのだろう。だが狭くてデッドな日本の住宅では反射波が抜けたままになったり吸われてしまうから響き成分が失われるのも当然ではある。1950年代のジャズが中心で、中域が生々しく荒れ狂うのが大好きなマニアが集まるその店で鳴らすには適切な選択だとは思っていたのだが。溝荒れとかの検聴もしやすいし。

そんな体験もあり、アメリカ合衆国によくある変わった音響会社だなあと思っていたのだが、バブル絶頂期を経て崩壊に至る時期に黒い小さなBOSE101というスピーカーがいきなり大流行して驚いた。

ちょうどそのころ勤めていた会社の先輩がBOSE日本法人に転職した。マークⅡバンに乗って集英社へ行くのに神保町の交差点で必ずドリフトかます変人だったのだが、音楽の趣味が重なったおれはこの人が大好きで、偶然に出先で遭ったとき話を聞いた。日本におけるＢＯＳＥの成功は、マニア的な偏狭に自らを陥れずに、市場要求に対して素直かつ即座に応えることだと先輩は教えてくれた。例えば「スピーカーが店内装飾の邪魔になるので天井からぶら下げたい」と飲食店が言っていたら、すぐに天吊りのブラケットを作って商品化してしまうのだそうだ。おれは思った。ブラケットで吊るということは天井にかなり近くなる。おまけにスピーカーを邪魔物だと思う人は角の隅に吊ってしまう。だから部屋の隅の床に近く置いたのと同じで低音が過大に響きすぎてしまう。そんなことは百も承知でＢＯＳＥは店の都合を優先して吊り金具を作るのだ。鳴ってりゃイイや程度にしかオーディオに意を払わない店が大半だから、手っ取り早く設置できるＢＯＳＥを買うと。実にアメリカらしい商売のプラグマティズムだなあと思った。天吊りＢＯＳＥが低音をダブつかせる飲食店がやたらと増殖したのには辟易したけれど。

以降ＢＯＳＥのスピーカーはヒット商品となり、業務用と並行して個人ユーザーにもやたらと売れた。オーディオに深入りはしないし、まとまった金額は投じないけれど、音がいいの悪いのとかは言いたがる層だ。彼らにとってＢＯＳＥはＪＢＬやタンノイに比肩する著名ブランドになったのだ。

そんな世間はともかく、ＢＯＳＥの音に対するおれの印象はこうである。決して質が高い音ではない。というのも絶対的な情報量が少ないからだ。それでいて音楽にとって大事な情報はきちんと拾い上げて、輪郭がくっきりして分かりやすい印象の音に仕上げてくる。そして情報量の少なさは追加されたサラウンド系のエフェクトで補う。残響は倍音を滲ませて響きを豊かにする効能があるのだ。サウンドの本質論を押し通そうとすればするほどリスナーの聴取環境や機器の使いこなし練度への依存度が高まってしまう。そうした依存度を下げて、結果的にいい音と感じさせてしまおう。そういうプラグマティズムなのだろう。

食い物で言い換えれば焼肉かな。焼肉の味の大半は単純で強いタレだ。カルビだのタンだのの優劣は柔らかさや筋のなさで決まっている様子であって、肉そのものの味わいはタレに覆い隠されてあまりよく分からない。だからこそ昆布の一番ダシみたいな玄妙複雑な味を繊細に感知できない子供や、そのままで味覚が成長していない大人にウケるのだ。人数的にはたいしたことない自称グルメよりも、大多数を占める味覚の子供を想定顧客層に据えたほうが成功する。それは商売のプラグマティズムである。巷に溢れるＢＯＳＥは焼肉だと思っていた。

そしてマツダ３のＢＯＳＥもその認識に沿った音だった。

各楽器がはっきり浮かび上がる。往年の９０１のように中域が威勢よくバリッと張り出すわけじゃなく、そこは抑制の効いた柔らかさを保っている。標準品に対してこちらはサブウーファーを荷室床下に備えるが、ドロンとした低音を垂れ流さないところは同じ。特性を無理に欲張らず、上手に演出してまとめている。自動車のキャビンには四方八方から広範なノイズが襲いかかる。精緻に情報を拾い上げてもワイドレンジ化しても、けっこうな割合でノイズに塗り潰されてしまう。であれば輪郭くっきりで音楽を大掴みに聴いて愉しみやすいＢＯＳＥの方向性は現実的な正解のひとつなのだ。ピクニックやキャンプで食うには、グランメゾンの意を凝らしたフレンチ前菜じゃなくてエバラ食品のタレをぶっかけた焼肉なのだ。

こりゃタレの味で食べさせる焼肉だねえとおれがそう思ったのはポール・ブレイのピアノの音を聴いたときだった。それはスティープルチェイスという１９７０年代にデンマークで立ち上がったジャズレーベルの盤。ジャズピアノというと、マイクを張弦に思い切り近づけて録ったゴロンゴロンと鳴る音を想像する人も多いだろう。マニア界隈では骸骨ピアノと揶揄された往年のブルーノート盤に代表されるあれだ。ところが、それとは正反対なのがスティープルチェイスのピアノの音。ピアノ全体から響いてくる余韻まで含めて録っている。事後に加えたリバーブ（残響）処理の痕跡が目立つこともあるが、同時期に発足したドイツのECMレーベルほどあからさまに人工的ではない。こういう音づくりで内省的かつ自己憐憫的なポール・ブレイのピアノを録っているので、全体が氷のように冷たい透明感に包まれる印象になる。ところがマツダ3のBOSEだと、ただの氷でなくメロン味のカキ氷みたいになってしまうのだ。素のカキ氷よりもメロン味のカキ氷のほうが食べて嬉しいことも確かだが、少なくともそれはスティープルチェイス盤のピアノの音ではない。さらに言うなら、もっと部屋の響きごと録っているカツァリスのショパンは、エフェクトをかけた電気ピアノみたいだ。残響成分にまで演出が効きすぎてしまって、過ぎたるは及ばざるが如し。

いったん試聴を終えて緋色のマツダ3から降りると、乗り込まずに傍に控えていた編集スタッフが、このマツダ3は外への音漏れが明らかに少ないですとコメントする。大音量で音楽を鳴らしているクルマに街中で遭遇することがあるが、そのとき外に漏れている音の大半は中低域。ドア内張りにマウントされた中低域用のユニットがドア――応力をほとんど負担しないから極薄のプレス鋼板製――の全体とその内部空間を盛大に共振させているのだ。しかしマツダ3の中低域用ユニットはドアでなくダッシュボードに取り付けられている。ダッシュボードは樹脂成型品だが内部で軽金属製の骨格がそれを支えている。タイコみたいに鳴り響かないのだ。しかも彼に詳しく訊いてみるとBOSE製のほうが音漏れは少なかったという。音量は聴感上で同じになるようにしていたつもりだったので、あらためて両車を鳴らしてみたら、BOSEのほうがヴォリューム設定を僅かだが小さくしていた。あざとくも巧く鳴らすので音量を上げなくても気が済んでいたのだろう。

次に編集者に運転してもらって走行している状態も試す。おっと。「状態も」とか言ってちゃだめだ。クルマを買って装備するオーディオを云々するのは大概がそのクルマを主に運転する人であり、ということは運転している状態でのサウンドのほうを俎上に載せて重く検分すべきなのだ。

走り出す。昼間の都市部の幹線道路を流れに沿って大人しく。ノイズが襲ってくる。吸音材が効いているのか中高域はそうでもないが、アシまわりから入ってフロアを揺する低周波が気になる。中高域はグラスウールや発泡ウレタンやヒステリシスロスの大きなゴムでそこそこ吸い取ることができるが、低域は質量で抑え込むしかない。だが重量を抑えたい自動車でそれは無理な話である。往時のベンツの車体設計みたいに、床に太い角断面の筋交いを縦横無尽に敷き詰めてフロア剛性を上げつつ膜振動を抑え込んでいれば別だが、マツダ3の車体がそんな前時代のベンツを真似しているはずもなく、当然ながら低周波は発生して音楽の低域がマスクされてしまう。

ここで標準オーディオとBOSEの違いが表出した。BOSEは、フロアの低周波で塗り潰される低域の少し上の音域が浮かび上がる。具体的にはバスドラやベースの動きが聴き取れるのだ。手練れだなあBOSE。けっこう感心した。こうなると焼肉という表現はよくないかも。街中の定食屋さんと評した標準品に対しては、大手ファストフード店と言っておこう。どちらを選ぶかはもう各人の人生観の問題だ。

□日産ノート・オーラのＢＯＳＥを聴く

ノート・オーラはノートの派生車種。ということはマーチの兄弟である。なのに全長は４ｍより少し長くて、全幅も1.7ｍを超えた。立派になりました。日産の腹づもりとしては、もはやＢセグメントではなく、ティーダ亡きあと空席になっているＣセグメントの領域までカバーさせたいのかもしれない。

さて、そのノート・オーラにオプション装着されるオーディオ機器はこちらもＢＯＳＥ。ただし前席ヘッドレストにスピーカーが埋め込んである。もちろん音場補正のためだろう。だが残念。今回の試聴はイコライザーもフラットかつリスナー位置もセンターで音場補正もなしで統一すると決めている。さてどうなるやら。

結論から言えば、大枠ではマツダ３のそれと相似形だった。ルームアコースティックも似たような按配。はて。中欧東欧向けに仕立てているモデルなのかノート・オーラは。今の日産の儲け処である北米ではＢ／Ｃセグメント格ハッチバック車の市場は僅少。だから欧州を目指してシリーズハイブリッドのこれを投入してルノーとバッティングさせずに商売しようというのかな。いずれにしても、この室内の音響の仕立ては日本人や南欧人の好みからは外れているように思う。

というわけで基本的にそのサウンドはマツダ3のBOSEに近いのだが、低域はこちらのほうがダンピングよく収まる。ゆえにリズム感がいい。モータウン時代のマイケル・ジャクソン少年の唄が気持ちよく聴ける。近代的なソウルやファンクのリズムセクションはドラムと電気ベースが真っ向からコンビネーションを組んで曲の律動を構成していくのが常道なのだが、本拠をデトロイトからL.A.に移したころのモータウンは違う。タンバリンが8分符や16分音符を定常的に刻んでいる中、くっきり聴こえる電気ベースの旋律がリズムの中核を成し、ドラムは合いの手を入れるような一種のパーカッション的な役割になるのが通例である。だからこそ電気ベースの重要度が高く、だからこそジェームス・ジェマーソンやキャロル・ケイなど往年のモータウンの名作で弾いた名職人ベーシストが今でも賞賛されるのだ。そういうサウンド構成だから低域の歯切れのよさは大事なのだ。

一方で、弦楽四重奏やヴァイオリンの独奏は余韻が足らない感じがした。

ヴァイオリンの弦は、原初は羊の腸だったが、18世紀末から19世紀にかけてそれが変わった。そのころ演奏対象が少人数の王侯貴族から肥大していくプチブルジョワジーに移行し、演奏会場もサロンから大人数を収容できるホールへと空間が拡大する。このパラダイムチェンジに対応して、ピアノ世界では剛性の高い鋳鉄フレームと筐体で朗々と鳴るスタインウェイが繊細玄妙な響きのベーゼンドルファーやベヒシュタインを駆逐していく。クラシックは電気的PAを用いないから楽器そのものの音量を増やすしかなかったのだ。音楽消費の大衆化に伴うこの爆音化ムーヴメントに対応する形で、ヴァイオリンの弦も太いそれを強く張って大きな音を出すようになり、それだと破断しがちな腸に代わって合成繊維の芯の周囲に金属の細線を巻きつけたものが主流になっていった。その弦を、馬の尻尾の毛を張って松脂を塗った弓で擦る。これによって励起された弦の振動が木製箱型の筐体で増幅され、そして一対のf型をした孔が開いた筐体がワイドバンドのヘルムホルツ共鳴器として機能してヴァイオリンの音色ができあがる。

というリクツを聞くと、唐檜や楓でできた筐体が妙なる音で震えるイメージを思い浮かべるかもしれないが、間近で聴くヴァイオリンの音は鋸で木を挽いているような野性味と迫力に溢れるそれだ。反射の強い壁に囲まれた空間に鳴り響いたときにやっと我々が想起する美麗音になるのだ。さらに言えば、これは楽器というツール全般に通底することなのだが、安物ほど派手な音で鳴る。高い楽器は、一聴すると地味に聴こえるけれど、その中に複雑玄妙な響きが附帯していて、実は彫琢が深い。そこが分かってくると、安物は派手なだけで華美になりきれぬ薄っぺらい音だと気づくようになる。だからＴＶの格付け番組などで楽器を扱ったときに大勢が間違うのだ。

そしてノート・オーラのＢＯＳＥで聴くヴァイオリンは、安物でも高級品でもなかった。派手に鳴らないのに薄っぺらいのだ。ウクライナ娘アナスタシアちゃんが弾いているストラディヴァリウスは爆音化時代に改造された現代仕様だと思うが、ちょっとクサいくらい情緒的に鳴ってこそのヴィヴァルディが堅く無味乾燥に響いてしまう。バロック期に用いられた古楽器で再現した演奏だったとしたら、もう絶望的にショボく聴こえただろう。

どうもこれはなあと思って今回の試聴パターンでは例外的なことを敢行した。エフェクトで音場を広げてみたのだ。すると一気に響きが乗ってきた。既述したＢＯＳＥの方法論がさらに明白になっている。特製の焼肉のタレというか期間限定テリヤキソース自慢のハンバーガーというか。この状態で聴いてくれというBOSEのメッセージは受け取った。

もちろん走行時も検聴した。試乗車は充電が足りていなかったのか、すぐに3気筒エンジンがせっせと廻って発電をし始める。こうなると低周波がキャビンに発生する。この状態だと、低域の締まりがよすぎて薄く感じることがあった。響きが中高域に添加されたことで相対的に低域が足りなく思えてきたのかもしれない。ローを少しブーストする設定にしたくなった。

□シビックのBOSEはどうだったか

生き延びるために8代目FD系のときからCセグメント・セダン商域に軸足を置くようになったシビック。現行FL系は軸距2735㎜の立派な体躯を持ち、もはや往時の面影はまったくない。それでもトヨタ日産のように何だか収まりの悪い新名称にあっさり挿げ替えることなくホンダは誕生時の名前を固持している。そこは立派なのだが、爺さんのココロモチとしては、やっぱり微妙だ。ガランとしたというか閑散としたというか、そんな空漠なFL

系シビックの室内に坐ると余計にその感傷が募る。創業以来ずっと一芸入試狙いみたいなクルマばっかり作ってきたホンダだが、今やアコードもシビックもガラだけ大きい普通のクルマとして北米や中国市場で稼いでいる。芸は原動機の電化に絞るのだ。

という生存バイアスに照らして、シビックのサウンド仕立てはアメリカ人好みなのだろうと勝手に想像していた。アメリカ人好みという言葉で想像する音のイメージはそれぞれだろうが、おれの場合はナローレンジにまとめつつ甘くトローリ仕上げたシロップのような懐古調の音だ。ホームオーディオでいうと出力トランスを使ったマッキントッシュのアンプの音。いや、それだと奢侈芳醇すぎる。もうちょっと大衆的なやつ。何十年も寝かせたソーテルヌじゃなくて普通に売っているポートワイン。1980年代前半ころまでのアメ車に標準装着のカセットラジオはそういう音がした。カーマガジンの表紙イラストを描いて知られているBOWさんのフォード・グラン・トリノのワゴンを撮影で借りて運転したことがある。全長6m近いその馬鹿デカいステーションワゴンは、前後に公園のベンチみたいに腰かけられそうな大きさのバンパーを突き出しており、そしてオーディオ装置は工場装着のままだった。明け方の第三京浜を流しながら聴いたクリストファー・クロスの『セイリング』はメイプルシロップをかけたような甘口仕上げの出音が絶品だったのだ。

と老人はすぐに懐古譚を語り出すのだが、シビックのルームアコースティックはその情緒をあっさりぶち壊す。古き良きアメリカ調などではない。まったく逆だ。マツダ3よりも5kHzあたりがキツく響く。なおかつ埃っぽい音だ。ちなみに、このシビックもBOSE製の機器を搭載している。スピーカー数は12だと自慢する。そのBOSEの鳴りかたも、ルームアコースティックの影響を受けてドライに寄っていた。そのせいで女性ヴォーカルはちょっと蓮っ葉な感じに響く。歌声を聴いて脳裏に描く像が『トップガン』でなく『ユー・ガット・メール』のときのメグ・ライアンになっちまうのだ。

だがまあそれでも全体の均衡は取れているとは言える。また、走行すると中低域にまで広がるノイズに混ざって、ドライな印象はもっと薄まってくれる。信号待ちだの渋滞だのが多い日本でなく、延々と走り続けられる北米に比重を置いて仕立てたのかもしれない。

薹の立った女の乾燥肌を思わすそんな音のシビックで光ったのがレニー・クラヴィッツだった。レニー・クラヴィッツは90年代の初めに、真空管やトランスを使うアナログ時代の機材を掻き集めてオールドスクールの音を再現して、薄っぺらくて鋭く耳に突き刺さるデジタル録音に反旗を翻した。これで音楽制作界の潮目が一気に変わった。SSL（ソリッドステートロジック）のSL4000系やその前の世代のニーヴ80系といったアナログ録音末期のミキシングコンソールが再評価され、真空管時代の機材でリマスタリングしたCDがマニアのあいだで話題を呼び、ルパート・ニーヴさんの機器設計のカギがトランスだと目されると有名なトランスの中古連番シリアル品の相場が爆上がりし、こうして21世紀に入るころには完全に趨勢は定まった。以降、音楽業界の流れはそちらに偏倚して今もそのままだ。なにしろ英国アビー・ロード・スタジオが放出した古いEMIのミキシングコンソールの、しかもバラした1チャンネルぶんだけがオークションで何百万円とかの値が付くのだ。レニー・クラヴィッツは変革の旗手であった。

その彼の出世作『ママ・セッド』をかけてみる。すると、これが抜群にカッコよく鳴るのである。

思えば1960〜70年代アメリカのヒット音盤の録音技師は、スタジオでまとめたミックスダウン音源を、懇意のDJに密かにラジオで流してもらったり、8トラに転写して車載オーディオで再生して仕上がりを確認したという。大衆が購買者になるポピュラー音楽は、彼ら自身が所有している普及帯クラス以下の再生装置でかけたときにカッコよく鳴らないといけない。いや、それ以前にラジオでかかったときカッコよく響かなけりゃ、そもそもレコードを買いに行ってくれない。ジャズマニアが神の如く崇拝する50〜60年代のブルーノート・レーベルの音づくりも結局はそうだった。オカネモチが偏屈なショップの親爺に祈伏されて買い込んだ無闇に高価なオーディオ製品ではなく、顧客層の簡素で貧相な装置でもバリッと鳴るための実際的な選択であったのだ。そういう往時のサウンドの再現を目指したレニー君の音源が最新のシビックのBOSEで素敵に鳴る。ということはつまりシビックのBOSEの音が貧相だったという傍証ではあるのだが。

□三菱アウトランダーのBOSEは違った

実はBOSEは4連発だった。そのトリを務めるのが三菱アウトランダーだ。

事前に、こいつはこれまでのBOSE装備車よりも有利だろうと思っていた。室内容積がずっと大きいからだ。空間が大きいほど装置の仕立てに自由度が出る。匙加減の幅が広がる。失敗したときの損害も大きいが、成功したときの利得も大きい。そう思って乗って聴いてみて驚いた。匙加減どころか前の3車とまったく音の傾向が違うのだ。むむ。これは。

輪郭をはっきりと聴かせるBOSE流儀そのものは同巧。けれど総じて優しい雰囲気だ。オリジナルのSP盤を再生して音源を起こした1940年代のフランク・シナトラも、上顎で引っかかったような癖のあるマデリン・ペルーの女声も、刺々しくなったりガサついたりしない。といって、焼肉のタレとかメイプルシロップを振りかけたような演出の強い音にもなっていない。中低音域が薄い傾向はあるけれど、却ってそれが優しい品のよさに繋がっている。それに加えて、エフェクト類は今回の試聴レギュレーションに従って全オフなのに、音場の広がりや奥行きもそれなりに出せている。ということは高域の位相差についての情報量が確保されているということである。

低域は割と伸ばしているが同時に収まりもいい。「ハレルヤ」を歌うk.d.ラングの伴奏は、ピアノの後ろにコントラバスが定位する音づくりで、低音を残響成分も込みで録っていて、下手な再生装置だと低音が四方八方に回り込んでワケが分からなくなるのだが、そこも無難にこなした。

ならばと走っている状態を試してみて気がついた。アウトランダー君はモーターで走った。内燃機の振動がない。だから中低域のノイズでマスクされる心配がない。それもあって、こういう素直な音づくりができるのだろう。というか、内燃機が休んでいる状態をデフォルトと考えているから、こういう音づくりをしたのだろう。

あらためて確かめたら、ルームアコースティックの按配そのものが見事だった。2kHzあたりが凹んでいる感じがする一方で、ドイツ車のようにその少し上を強調するのでもなく抑え込むのでもなく、素直に高域が伸びている。遮音材吸音材の大量投入をしていない自然な感じの響きがする。モーター走行を主眼にしたので大量投入する必要がなかったのだきっと。長時間運転でも聴き疲れしなそうだ。これはいい。

□トヨタ300系ランドクルーザーのJBLはどのJBLか

次はキャビン容積の点ではさらに大きい車輌。300系ランドクルーザーである。搭載された再生装置はＪＢＬだ。

考えてみればＪＢＬほど巷間イメージと実態が離れている銘柄はないと思う。デカいホーン型ツイーターが朗々と鳴る往年の偏屈ジャズ喫茶の御用達みたいな製品もあれば、ワイドレンジ&フラット再生を目指したマルチウェイ式スタジオモニターもあるし、クラシック向きの欧州市場向け製品群だってあるのだ。では自動車に供給して「さすがＪＢＬ」と思わせるには、どこを目指すのが正解なのだろうか。

そんなことを考えながらモーロクした足腰に鞭打って座席によじ登って鳴らしたら、脳裏に浮かんだＪＢＬがあった。この中高域。微かに歪みが混じっている気配がするのだが、そこがカッコよく耳を射るこれ。１９７０年代に中型スタジオモニターの立ち位置で大ヒットした４３１１Ａだ。別にトヨタもＪＢＬも、世界中のおっさんを狙い撃ちしたわけじゃないだろうが、何ともツボってしまう中高域である。いやもう50年代ジャズしかも西海岸レーベルのシンバルレガートなんざ堪りませんな。

一方で低域は様子が違った。４３１１が用いた12インチ径の白いウーファー２２１２は、トンストンと軽快に立ち上がり、あとを引かず収斂するサッパリ味の低域が特徴だった。しかしこのランクルでは低音が重く響いて、ときにゆる～くドロンと広がりたがる。アメリカ西海岸のＪＢＬと対を成した東海岸のＡＲが密閉箱で出していたローを想い出す。

何故こんな不思議なローとハイの組み合わせになったのか。それは走ったら推察できた。この３００系は新設計の鋼管フレーム車台を与えられているのだが、ランクルはヘビーデューティが軸足と割り切っているのか、音振はさほど入念ではない。ゆえにアシまわり起因の低周波に加えてパワートレイン起因の中低周波までキャビンに侵入してくる。いやもうドスドスゴワゴワうるせえ。これに負けぬようローをブーストしないと音楽の土台が失われると考えたんだろう。まあ、その状況ならば中高域のキャラが光って立派にＪＢＬ（ただし懐古系）である。にしても、もう少し低音域の仕上げを丁寧にできなかったもんか。中高域におけるいかにもＪＢＬっぽい演出が巧かっただけに惜しい。

□レガシィ・アウトバックのハーマンを聴く

ところでＪＢＬは、ジェイムズ・バロー・ランシングが、第二次大戦中にスピーカー設計者として勤めたアルテック社を終戦とともに辞して設立した会社である。そのアルテックはウエスタン・エレクトリック社における映画館などの音響システム部門の人員を結集してできあがった会社。そこから昭和のオーディオマニアの頭の中にウエスタン➡アルテック➡JBLという系譜図が焼き込まれたわけだが、実は前出の4311をはじめとするスタジオ用モニタースピーカー市場に参入する直前の69年に、家庭用オーディオ機器メーカー大手のハーマン・カードン社の前身に吸収されていて、現在もハーマンの傘下だ。そのハーマンはハーマンで車載システムを供給している。例えばこのアウトバックにオプションのオーディオ機器がそうだ。

ハーマン・カードンと言われると、還暦の爺さんゆえにおれなぞは中坊のころオーディオ雑誌に載っていた弩級パワーアンプのサイテーション16なぞを追想してしまうのだが、では音を聴いたかと問われると秋葉原での記憶もなく、この稼業になってBMWの車載オーディオとして遭遇したのが実は初めてである。BMWに載っていたそのハーマンはシャープで硬くてクリア方向の音だった。その記憶を蘇らせつつ聴いてみたら、おおなんと対極だった。まず、周波数特性を欲張らずにナローレンジ気味にまとめている様子が窺えた。低域でいうと、50Hz以下の重低音域までは伸ばさず、しかし直上の60〜70Hzあたりは出して巧く量感を演出している。このあたりの周波数はバスドラムとベースから成るリズムの基盤を音づくりするときに重要になるから電気ベースを弾くおれは敏感なのだ。荷室にサブウーファーを装備しているのに、その効力を無闇に強調していないところに好感を抱く。ただし量感がある半面でダンピングは少し甘い。現代最新ヘヴィメタルではバスドラを高速連打するシークエンスが多発するが、それが精確に分離せずダンゴになることがあった。

そんな量感ある低域に合わせるように、中域は少し膨らませている感じで潤いもある。といってもBOSE各車より情報量はあって、あそこまで濃い味付けはしていない。それが明白になったのは山下達郎『スパークル』冒頭のテレキャスターのリズムカッティングだった。

フェンダー社の創始者クラレンス・レオニダス・フェンダーはもともとラジオ修理屋を生業としていた。ガキのころ家電製品が壊れるとナショナルの看板を掲げた電気屋さんに持っていけば店の親爺さんが螺旋回しと半田ゴテを取り出してサクッと直してくれたものだが、アメリカ版のそういうオッチャンだったわけだ。そのオッチャンが電気ギターを作ってしまった。電磁ピックアップを設置して、それが拾った信号を電気的に増幅するというアイデアは、第二次大戦前からギブソンの箱型ギターに装着するという形で実用化されていたし、電気ギターとしての完成品を1932年に販売していたリッケンバッカーという先駆者もいた。だがレオは、どーせ電気的に増幅するんだから筐体は板っ切れでええやろと割り切って、しかもネックをそれに接着でなくネジ留めとした。このプラグマティズムと量産合理性は、ギター演奏家でなくラジオ修理工だったレオの面目躍如であり、また実に20世紀アメリカ的であった。

こうしてできあがったのが初期の主力商品テレキャスター。この電気ギターは、素朴なルックスや構成そのままに、バリンジャキンと暴れ気味に耳を刺す出音を特徴とする。そこを上手に鳴らす腕が要る楽器でもある。山下はそのフェンダー・テレキャスターの出力をアンプに通さず直接コンソールに突っ込んで、軽くコンプレッサーとコーラスをかけただけで『スパークル』のカッティングを録ったと証言している。その言葉どおり色付けはほとんどしていないテレキャスターの音がする。なのにマツダ3のBOSEではテレキャスの音がしなかった。ハムバッカー式ピックアップを載せたギブソンにも似た甘く太い音に聴こえてしまったのだ。それは味付けとしては面白いけれど、ちゃんとテレキャスに聴こえるのはこちらだ。

　そんな風に聴こえた原因の一端は恐らく高域特性。10kHz以上が穏やかにロールオフしていく感じだ。総じて世の中の電気ギター用アンプは、高域上限が8kHzくらいにある50年代設計のスピーカーを使っていて、その8kHzあたりに分割振動による暴れが出て、これが電気ギターをアンプで増幅したときの特徴というかサウンドの癖になっている。一方でコンソールに直挿しすると、件の暴れがなくて、もっと上の帯域まで周波数特性が伸びる。そこを高域特性に癖がない音づくりで再生するからテレキャス直挿しがちゃんとテレキャス直挿しに聴こえるのだろう。その一方で何故かレニー・クラヴィッツは新しめのサウンドに聴こえた。8kHz前後を暴れさせず穏便にまとめているから、レニー君が目指したオールドスクール音響のエグみが削がれてしまって、その引き算の結果として今風の音に聴こえたのかな。

　こんな具合にナローレンジで丸めて仕上げたハーマンの音づくりは、聴く音源の性格は絞られるだろうが、それはそれとして共感はできる。ただし、少しヴォリュームを上げただけで前ドアにマウントされたウーファーが内張りをビビらせるのは残念だった。これで一気に品格が下がってしまう。

またアウトバックも走行時には内燃機が稼働するから、やはり中低域のノイズが入ってきて、けっこうな帯域がマスクされる。そのせいか不思議なことが起きた。幼少期のマイケル・ジャクソンが少女みたいな声になってしまったのだ。変声期を迎える前のマイケルは、声域こそ高いが女声とは違って濃く強く、さらには声を張るときに乗ってくる歪みがサビとして効いて、楽音の中で稀有な存在感を形成する。その声のサビがノイズに呑みこまれてしまったようだ。

□レクサスLX600の異次元

さて最後に控えしはマーク・レビンソンである。

1980年代にホームオーディオ界の頂点に君臨したこの会社も現在はハーマンの傘下であり、どうやらJBL部門が設計開発の現場に関与しているらしいとの噂もある。だが、そう聞いて「なあんだブランド商売か」とナメちゃいけない。というのはナメていたら4代目ソアラ転じてレクサスSC430となったときに採用されたやつを聴いて畏れ入った過去があるからだ。その記憶を反芻しながらＬＸ６００に乗る。聴いてみる。一瞬にして分かった。モノが違うわこれ。

ひたすら上品である。内装材の共振だとか余計な付帯音が乗らないし、アンプ部で歪んだり、スピーカーが分割共振するような気配もない。音量を遠慮なく上げていっても印象が静かなままなのだ。それでいて情報量もたっぷりある。ゆえに音場の奥行きがはっきり見えてくる。

１９９０年代に音楽制作界はＣＤ時代に完全移行して、それによってサウンドの趨勢も変容した。ＣＤの規格上の周波数上限である20ｋHzを強調すべく、Ｂ＆Ｗを筆頭とした英国製モニタースピーカーがその帯域でキラキラとハレーションを起こすような仕立てを始めて、これが一世を風靡してしまったのだ。それは超高域のパルス波が耳に突き刺さる剣呑な音だった。アコースティックギターの爪弾きにペリンペリンとした附帯音が乗る感じになるから、実際に弾いたときの生音を知るおれは気持ち悪くて仕方なかったのだが、高級高価格オーディオの世界では超高域のその緊張感こそが最新サウンドだと賞賛された。

この時代に名を上げたのがマーク・レビンソンというアメリカの小規模な鮮鋭メーカー

だった。放っておけば超高域が通り魔の如く暴れまくるそういうスピーカーを優美に鳴らすべく、マーク・レビンソンのアンプは高域のパルス波を厳しく躾けて研いだ。それは氷の刃で頬をピタピタされるような切迫感に溢れた恐ろしくも美しい音だった。

多くのマニアを中毒にしたそのサウンドは、全ての状況が根本的に異なる車内では再現不可能なことは自明だが、高域の響かせかたによすがは気取れる。といっても高域偏重の痩せぎすでもなく、近接マイクで録ったアート・ペッパーのアルトサックスは実に本物らしく鳴った。元ブラスバンド部員だったおれは管楽器の音が嘘臭く鳴ることに神経質なのだ。車載オーディオでは経験したことがないくらいのこれはレベルである。

もっと魂消たのは、先ほども触れた山下達郎『スパークル』冒頭のカッティングだ。言うまでもなく、ちゃんとテレキャスターの音がする。それだけでなく、きちんと定位するのだ。このテレキャスターの刻み音は右端に定位し、かつディレイ（元の音を木霊のように繰り返させる音響効果）をかけて、その効果音だけを左端に振っている。右で鳴った直後に左に木霊するのである。そのステレオ・ディレイ効果をＬＸ６００のマーク・レビンソンはきっちり描写するではないか。繰り返すが試聴時のリスニング位置設定はキャビン中央にしている。なのにタイムアライメントが整合していて、混濁が起きていないということだ。そういうことが可能な機器が今回のテストで存在するとは思っていなかった。

走っていてもその心象は損なわれなかった。タイヤから懸架系を通ってくる低周波からエンジン駆動系が起因の中高域も外界からの透過音も、全ての騒音がバランスよく抑制されているからだ。ルームアコースティックがきわめて異様だった初代10系セルシオから30年。研鑽の成果ここにあり。恐れ入りました。

ここでふと思った。先ほどの300系ランクルも、このLX600も、GA－Fとトヨタが呼ぶ新開発のラダーフレーム式プラットフォームを使っている。なのに、この音振の差は何なのだ。中身の核はマジ本格のオフロード車だが、ひととおり乗用車的に仕上げてきました風の300系ランクルに対して、LX600は世界の金満富裕層に向けて奢侈華美に仕上げた。もちろん、そういう商品性の差はあるだろう。だが、その上で意図的に音振に差をつけているように感じたのだ。今やひと目で分かる性能差で優位をアピールできる時代ではなくなって、一般人がクルマの品質の高低を端的に判断する項目のうち音振が占める度合いは高くなっている。その意味では初代セルシオのときトヨタが見定めた高級のキーワードは正解だったわけだ。そしてトヨタとレクサスの差を誰にも分かりやすく音振というファクターで示すわけか。そして、その音振の優越を生かすのがマーク・レビンソンという構図だ。

とはいえクルマそのものと同じように、完全無欠なんて装置はありえない。マーク・レビンソン様は狙った音があまりに高貴なので、弦楽四重奏やオーケストラは優美に鳴らすけれど、多少の歪み上等だぜで暴れまで含めてカッコいい系の音楽は苦手である。ツェッペリンも黄金期モータウンもビートルズも妙にお上品で魅力が失われてしまうのだ。深窓のお嬢様だから仕方ないね。

最後に試そうと思っていたことをLX６００のマーク・レビンソンで敢行してみた。最も能力が秀でた機器でやろうと思っていたのだ。

今やスマートフォンで再生した音楽をBluetooth接続で車載オーディオ装置に送り込んで聴く人が多いだろう。殊に自分のクルマなら、いったん設定すれば面倒がないから。だが考えてみれば、それだとアプリと無線接続というふたつの劣化要素を重ねていることになるではないか。そこで今回の試聴テストに使う音源を3種類のバリエーションで実は持参していたのだ。

①CDのWAVデータを書き込んだUSBメモリーを直挿し。

②iPhoneに読み込んだWAVデータを標準装備の音楽再生アプリで再生してUSBスロットに有線接続する。

③その有線接続をやめてBluetooth無線接続にする。

この3つのパターンをLX600で試してみた。その結果、それぞれに明確な差があった。もちろん①→②→③の順で劣勢になる。といっても高域や低域が鈍るとかモゴったりするのではない。再生される音の世界がその順に矮小になって箱庭化していくのだ。本稿を丁寧に読んでくれているくらいクルマで聴く音楽の質に気を配っている人ならば、USBメモリー直挿しの一択でしょう。

というわけで最後に簡単なまとめを。

LX600のマーク・レビンソンはもう別格だった。とはいえ価格を考えれば当然であるとも言える。そこを考慮に入れると今回の優勝はアウトランダーのＢＯＳＥになりましょう。おれはオーディオの行き着くところは「おれが大好きな変な音がする」の境地だと思っている。完全な再生などない。音楽のジャンルに、録音に、制作された時代に、そして聴く側のＴＰＯに気分に、それぞれ適合する再生が存在するのだ。その組み合わせの中に自分の感覚が共振できる種類の音が見出せたら、それが自分にとっての最高となる。

その意味では上品で乙に澄ましたマーク・レビンソンは大好きな変な音ではない。穏やかな仕上がりだが、下品に暴れるところはそれなりに表現してくれそうなアウトランダーのほうが自分の愛聴する音楽には合いそうだ。

そしてまた思った。アウトランダーが示した優位の根本がモーター走行だったことを考えると、これから増えてしまうだろうＢＥＶ（電池駆動電動車）の、その車載オーディオには期待ができるのかもしれないと。

（ＦＭＯ ２０２３年２月14日号）

世界で最も低いクルマ

スーパーマリオの装束でカートを走らせている集団を見かける。外国人観光客が面白がっている。訊けば、カートに似たそれは、法令上の定義ではミニカー（通称はマイクロカー）となる車輛で、道路運送車輛法上では原付自転車と同じ扱いになるが、道路交通法では普通自動車になるらしい。９０００円ほどでレンタルできて東京の観光スポットを巡るツアーに参加できるそうだが、おれはコスプレ好きではないし群れて走るのも性に合わないから興味はない。だが、ひとつだけ惹かれるところがある。地面のすぐ近くに坐るあの着座位置の低さだ。

子供のころは平気で地面に坐ったり寝転んだりしていたのに、人は大人になるとそういうことをしなくなってしまう。子供と海水浴に行ったり花見で酔い潰れたりするようなことでもないと、大人は地上１m以上の視界で世界を眺めることが当たり前になってしまう。晴れた暖かい休みの日など、公園の芝生あたりで試しに地面に寝転んでみるといい。地球の表面から感じる桁外れの剛性感。両眼から10㎝も離れていない近さで見るそれは、草地だろうと土のままだろうと仮にアスファルトだろうと、驚くほど新鮮な映像だ。舗装の表面の凸凹や小石や歩行する蟻なんぞがつぶさに見えて下手な映像作品よりも面白い。頭を巡らせて今度は天を見上げれば、木々や建物はきついパースペクティブで伸び上がる巨大な物体に思えるし、その効果で彼方の空はどこまでも高く続くように感じられるだろう。高層ビルからでも電車の窓からでも、高いところから見下ろす機会は大人になってもしばしば訪れる。けれども視点を思い切り下げることは、わざわざやらない限りは大人にはやって来ない。それは数秒と僅かの労力で踏み込めるきわめて身近な異世界だ。

道路の上ならそこまで視点を下げずとも異世界に踏み込むことができる。普通の乗用車は着座した尻の位置が高くなり、両眼の地上高は1.2ｍくらいになる。ミニバンやＳＵＶなら、それより数十㎝ほど上がる。我々は常にそういう高さから道路を眺めることに慣れ切ってしまっていて、それが当たり前だと思い込んでいる。

だから、セブンやヨーロッパなどレーシングカーの親戚のような英国製の旧いスポーツカーに乗ってみると驚く。見慣れた道が別のものに見えるからだ。隣りのセダンは窓すら視界に入らない。大型トラックに至ってはタイヤの部分しか目に入らないだろう。そして走り出せば低い視点で映る映像は猛烈なスペクタクル感を伴って脳に飛び込んでくる。地面に腰かけるような低さで走ることは、例えそれが時速30㎞であっても強烈なエンターテイメントなのだ。マリオカートに乗っている人は、それを今まさに愉しんで目くるめく昂奮に身を委ねているだろうと想像して、ちょっとだけ羨ましくなるのだ。

マリオカートはともかく、現行新車でその楽しみを得られるものは絶滅してしまったようだ。エリーゼも21年末に消えてしまった。かつては「恰好よけりゃいいのだ」とばかりに自由に三面図に描線を引いて全高1.1m台に留まっていたスーパーカーの類も、21世紀の今やAM95パーセンタイルなどという呪文を唱えて全世界に通用する商品を目指したおかげで全高は1.2m台に突入し、電動スライド機構や厚い座面クッションという贅沢を取り込んだおかげで着座位置も高くなってしまった。体験したことがないと分からないかもしれないけれど、1.1m台と1.2mの差は猛烈にでかいのだ。フェラーリにしろランボルギーニにしろマクラーレンにしろ、現代のスーパーカーに乗って異次元体験をした気分になれないのは、実はそこが大きな理由だ。かつて乗っていたフェラーリ328GTBやGTSはスペック表記で全高は

１１２０㎜だったけれど、おれはダンパーとスプリングを換えて最低地上高を５㎝ほど下げていたから、きっとロータス旧車並みの1.0ｍ台に入っていただろう。ドアを開けたら、そのままの姿勢で地面に指先を触れさせることができる。走り出せば地面の上を滑空しているような感覚。それがないと、おれはスーパーカーに乗った気がしないのだ。

という経験をもとに、異次元への扉は全高1.1ｍ台だと言ってしまおう。1.0ｍ台ならば本物だ。あのフォードGT40は実は通称であって、全高が40インチだったから——実戦投入された車輌は41・1インチつまり１０４４㎜あった——その仇名がつけられた。ロータスは初期型のヨーロッパでも１０７０㎜あったし、エランやエリートのFR勢は1.1ｍ台だった。あの狭苦しいGT40やヨーロッパでも１ｍを少し越すくらいはあったのだ。それが公道用車輌の下限なのか。

そうではない。もっと遥かに低いクルマが存在したのだ。１９６９年１月に開催されたモーターショーでお披露目されたプローブ15という２座スポーツカーは「世界で最も低いクルマ」という惹句で紹介された。その全高は驚くなかれ29インチ、つまり７３６・６㎜だったのである。

こういう奇矯な真似をするのはイギリス人と決まっている。ドイツ人は頭が固い。アメリカ人はあくまでプラグマティック。イタリア人はディメンションでも造形でも意外に古典を踏み外さず保守的だ。あのカウンタック試作型LP500でも全高は1040㎜だった。フロントガラス一体の全面カウルを開けて乗降するように設えられていたストラトスの原初型ゼロの全高は840㎜だが、あれはパッケージレイアウトで鬼面人を驚かせようとしたマルチェロ・ガンディーニのハッタリであって、フィージビリティは度外視したものだった。とはいえストラトス・ゼロは実走プロトで、ランチア首脳が見学に訪れた際にヌッチオ・ベルトーネはそれを走らせて見せたらしいが。

まあそれはともかく、ビートルズが『サージェント・ペパーズ・ロンリー・ハーツ・クラブ・バンド』を送り出しブリティッシュ・インヴェイジョンの北米襲来が確定的になった2年後に、スウィンギン・ロンドンと謳われた街でプローブは姿を現したのだった。

プローブを作ったのは、マーコスで働いていたデニスとピーターのアダムス兄弟だった。マーコスは1959年に北ウェールズで創業したスポーツカーおよびレーシングカーの工房。所謂バックヤードビルダー系だ。BMCミニの外皮をFRPで着せ替えたミニ・マーコスや、90年代に小ヒットしたマンチュラは日本にもそれなりの台数が入ってきたから50歳台以上の人なら名をご存じだろう。

そのマーコス社に、1961年にデザイナーとして入社してきたデニスと、シャシー技術者ピーターのアダムス兄弟は、社の処女作ザイロンの凡庸な造形に手を入れるところから仕事を始めた。手を入れるといってもライトまわりをいじるとかのプチ整形レベルではなかった。なんとガルウイング化しちまったのだ。しかもこれが承認されてルートン・ガルウイングの名で61年にお披露目されることになった。

ちなみにマーコス各車の応力構造は木の薄板を何層にも貼り合わせたもの。つまりベニヤ板である。馬鹿にしてはいけない。ベニヤ板は原始的な複合材であり、創業者のひとりフランク・コスティンは第二次大戦時にデ・ハビランド・エアクラフト社に機体設計技師として勤務していて、積層木材で作られた戦闘爆撃機モスキートの知見があったのだ。ベニヤ板という素材ゆえザイロンのサイドシルは厚く高かったから、ガルウイングは乗降性を確保するための理に適った造形ではあったのだ。

この冒険的な車体構造（ただしエンジン駆動系やサスペンションアームを受ける前後のサブフレームおよびカウルアッパーだけは鋼製だった）の上に被さるのはハンドプライのＦＲＰ。普段は守旧のフリをしていても実は前衛したくてしょうがないイギリスならではの、そして革新と混沌の１９６０年代ならではの尖鋭である。

デニス・アダムスは、そのルートンを下敷きにして、深海生物を思わせる怪異だけれど、どこか魅力的なエクステリア造形を施した１８００ＧＴを１９６４年に創る。ボルボの1.8ℓ直4を積んだこれは、限定的なマーケットだったとはいえ、その界隈では好評になり、マーコス社は地歩を固めることができた。これに自信を得た兄弟はマーコスを辞して自分たちのデザインコンサルタント会社アダムス・ブラザーズを設立する。

そのデザイン会社が手がけた仕事は、やはり奇矯なものばかりだったという。例えば、彼らが創案した単座のシティコミューターはテールを下にして駐車するようになっていた。ほとんどモンティ・パイソンの世界ですな。またイスラエルからの依頼でスポーツカーをデザインしたりもした。そんな中で兄弟は、何の制約もない中で自分たちの創造力を存分に生かすべく習作を創ることにした。名づけてプローブ15。数字は自分たちの15番目の作品を示す。そして1969年1月のロンドン・レーシングカーショーにおいて、前の職場であるマーコスのブースの一角を借りてこれをお披露目したのである。

プローブ15は、ヒルマン・インプの縦置き1.0ℓ直4のRRパワートレインをそのまま使っていた。車体は所謂ショーカーだからベニヤ板だけで一点製作し、増加試作ではVWビートルのフロアパンを調達してきてその上にベニヤ板で上屋を建てた。

運転席は、当時のF1流儀を引き写して低い位置に身体を寝そべらせるもので、これによって世界一低いを標榜する736・6㎜の全高を実現していた。その高さに抑え込まれたキャビンは、前後フェンダーに挟まれて、押し潰された造形とならざるを得なかった。それを強調するべくデニスはサイドガラスの形状を車輪中心くらいまで下に深く食い込むような恰好にデザインして、車体中央部分におけるボディ面積を減らして、軽快かつインパクトある視覚的印象を狙った。

そんな大面積のサイドガラスだと外開きする普通のドアにはできない。そこでデニスは、以前のガルウイングとは別のソリューションを創案した。ルーフ部全体が後ろにスライドするのである。考えてみれば、こういう意匠だと、開口部はただのタルガトップと同じであり、だから乗員はリア隔壁のところに足をかけて、よっこらせとばかりによじ登ってクルマから降りるしかなかった。

ストラトス・ゼロに丸2年先んじて登場したこの奇矯な習作は、俄然イギリスのプレスの注目を集めた。英モーター誌に至っては、女性モデルを使って撮影したプローブ15の写真を69年7月19日号の表紙に用い、カラーグラビア3ページを含む全5ページのカバーストーリーを掲載した。ちなみに、このクルマのファンサイトを運営する好事家の調査によれば、プローブ15は先行試作型がまず作られたのちに、シャシー番号AB／1が与えられた正式な車輌が製造されたようだ。後者がビートルのフロアを使った増加試作なのだろう。

パブリシティ狙いの目論みが図に当たったアダムス兄弟は、続けて市販型づくりに入る。

プローブ16と命名されたその車輛は、前作を踏襲しつつ現実的に落とし込んだもの。ゆえに全高は少し上がったが、それでも数字は34インチ（８６３・６㎜）に留まっていた。ピーターの提言で性能アップも試みていた。前作プローブ15も一応実走可能だったのだが、達した最高速は公称の時速１２０マイルに大きく及ばない時速80マイルでしかなかった。これでは恰好に負けてしまって商品性がないとピーターは考えたのだ。

そこでパワートレインが変更された。今度はＡＤＯ17系オースチン１８００の直４横置きＦＦパワートレインが用いられた。そしてこれをミドに置いたのである。

外装も進化した。後ろにスライドするルーフはガラス製となり、その動作は電動化された。量産を旨とした車体はマーコスに倣ってベニヤ板製だった。

１９６９年早々に完成したこのプローブ16に、兄弟は３６５０英ポンドの正札を下げて発売を告知した。これは当時のイギリスではけっこう高い値付けだ。件の英モーター誌１９６９年7月19日号の新車価格表を見ると、ディーノ２０６ｇｔは４７８０ポンド。ポルシェ９１１Ｓが３５７０ポンドで、ベンツ２８０ＳＬなら３２５２ポンドとある。普通の人間なら911Sを買うだろう。

だが、そこはベトナム反戦にサイケにドラッグにヒッピーにとサブカルチャーが混沌の暴走をしていた時代である。プローブ16を面白がって買った者が何人もいた。


第1号車を買ったのはジミー・ウェッブだった。彼はアメリカのシンガーソングライター。1968年に6部門のグラミー賞を獲得したフィフス・ディメンションの『ビートでジャンプ』を筆頭に、グレン・キャンベルの『恋はフェニックス』、リチャード・ハリスの『マッカーサー・パーク』など数多くの名曲を作ったヒットメイカー。ところが、そうしたアメリカの大衆受けをする洗練された楽曲に飽き足らず彼はブリティッシュ・インヴェイジョンの波を受けて急速に音楽性を左傾化させていた。その心境にプローブ16は見事に合致したのだろうし、懐には強いドルが唸っていたはずだから、値段も気にしなかったのだろう。

続けて2台目のオーダーも入った。そのブリティッシュ・インヴェイジョンの担い手からであった。その購入者の名はジャック・ブルース。電気ベースを弾く彼は66年にエリック・クラプトンとジンジャー・ベイカーと組んでクリームを結成して過激な演奏の応酬によって黎明期の英国ロックシーンの中核を成していた。クリーム自体は3人のエゴの衝突から68年末に解散していて、ブルースは70年にはのちにクロスオーバーと呼ばれる音楽に足を踏み入れようとしていた。60年代末に名を成した英国人ロックミュージシャンはクルマ好きが多いが、フェラーリ蒐集家となったクラプトンやピンク・フロイドのニック・メイソンとは毛色が違って、ブルースは奇矯なクルマを好むことで知られていた。彼らや、ミニやロールスにサイケなペイントを施したジョン・レノンあたりと、プローブ16を買い込んだブルースの趣味を、それぞれの音楽やパーソナリティも含めて比べると面白い。

この他に北米のカーディーラーから注文が入って3台目が売れる。そして全幅を広げた派生型の通称ワイドプローブが2台作られた。これが生産されたプローブ16の全てである。だが、そんな商売上の成否よりもずっと重要なことがこのクルマに起きた。スタンリー・キューブリック監督が撮影中だった映画版『時計じかけのオレンジ』に登場することになったのだ。

70年代サブカルチャーにおける偉大な遺構として屹立するこの映画は、難解かつ破天荒なまでに奇妙な映像で知られるが、プローブ16はただ置かれる単なる大道具として徴用されたのではない。デュランゴ95と名づけられたプローブ16に主人公アレックスが乗って暴走するシークエンスがあるのだ。しかも2座なのに乗るのは計4人。当然まともに坐れるはずがなく、後ろのふたりは屋根を開けて無理矢理身体をねじ込んでいて上半身を晒している。その状態で走行させせられるはずもなく、スタジオで正面から撮ったプローブ16と4人の映像を、流れる背景と合成（時代的に恐らくブルーバック）したものだが、大型トレーラーに衝突しそうになって、その股下を潜り抜けるシーンが出てくる。自動車史上最低全高を謳うプローブに相応しい演出がされているのだ。ちなみに登場する車輌はシャシー番号ＡＢ／４。つまりプローブ16としては3台目になるワイド版ではない基準仕様だ。

その後、投資者が現れてプローブ２００１と命名されたさらなる進化型――スライド開閉式ルーフの形状を変えて全高は37インチに上がった――が5台ほど作られたり、オランダのＶＷディーラーからの依頼で空冷フラット4を積むプローブ15が企画されたりした。プローブ15のＦＲＰモールド型を買い取った実業家が何台か再生産モデルを作ったりもした。ＧＭ

製7ℓV8を積んだ3座で中央が運転席の7000なる試作車もあったらしい。だが、そのあたりでアダムス兄弟の痕跡は自動車の世界から忽然と消えていってしまう。

それでも件のファンサイトをはじめとしてインターネット上を渉猟してみると、生み落とされた数少ないプローブ一族の半分以上が現存しているらしい。最高速でも馬力でもニュル北の計時でもなく、全高の数字に何か情緒を起動させる人間がいることに、ちょっと驚くのである。

ウィンドウズの最新OSが未だ98だったころ、「車高の低さは知能の低さ」とかいう箴言が例の巨大掲示板で乱発されたことがある。そうではない。全高の低さは趣味の深さである。たぶん。

（FMO 2018年9月18日号）

道

21世紀の今、自動車は道路を走るものだと我々は暗黙のうちに了解している。

クロスカントリー4WDというカテゴリーの車種は元来は道路が通っていない荒野を走るためのクルマであり、例えば1948年に登場したランドローバーなぞは、まさにそういう自動車であったが、時代が下るにつれて軸足は荒野でなく道路を走るシークエンスのほうに移行していき、今や道がないところを走る能力をも副次的に担保した自動車と化した。そこから派生したSUVにしろ、さらに枝分かれしたクロスオーバーSUVにしろ、道路走行のほうに偏重している。ことほど左様に、自動車は道路を走るために作られる機械として限定的に認識されている。道路、とりわけ舗装路を走ることを前提に、我々は操縦性だの乗り心地だのを云々しているわけである。

そして今や我々は、身のまわりはもちろん、行く先々に道路というものが存在すると信じている。国土交通省によれば2020年3月31日の時点で我が国の道路は、高速自動車国道が9231・7㎞、一般国道が6万6123・5㎞、都道府県道が14万2847・8㎞、市町村道が106万3590・6㎞。総延長距離は128万1793・6㎞だ。もともと1mは北極点と赤道のあいだの子午線長の1000万分の1であるから地球の円周は約4万㎞。地球の表面をグルグルッと32周できる長さである。ちなみに、調査期間と時期がそれぞれなので大雑把な数字だが、世界第1位はアメリカ合衆国の約658万㎞。国土面積だと、あちらは日本の26倍もあるのに道路は5倍しかない。日本のほうが隈なく道路が敷かれているわけだ。言い添えれば、第2位はインドの約637万㎞。第3位が中華人民共和国の約520万㎞。第4位がブラジルの約200万㎞。第5位がロシアの約156万㎞。そして6位が日本となっている。やはり軒並み日本より10倍がところ国土が広い国々だ。日本は島嶼を除けば航路や空路でないと行けない場所はほとんどない。富士山頂までも道がある。何処へ行こうとしたって道は見つかるのだ。

というわけで自動車生活を成り立たせてくれているその道路について考えてみるのも一興かと思い、これを主題に書いてみることにした——。

道と路。ともに和語では「みち」と呼ぶ漢字を重ねたのが道路だ。漢字は中国から輸入した外来語だ。ご存じのように漢字は象形文字から発展している。ものの本によれば、「道」の繞（にょう）にあたるしんにゅうの部分は4つ辻の形そのものから生まれたもので、それに乗る部品はそのまま首のこと。かつて辻には人間の首を埋めて魔除けとしたことから、この漢字が発生したというのが通説になっている。「踏」の右半分がいつの間にか首にすり替わったという説もある。「路」のほうは、足と各が合体したもの。足は人間の膝から下の下肢を表す。各（いたる）は上の「夊」部分が足を表し、下の「口」が領域を表す。合わせると、あるエリアに足を止めること、くらいの意味になる。ちなみに、路という漢字に充てられた「みち」という和語は、そもそも「み」と「ち」の合成だ。「み」とは御のことで、「ち」のほうがもともとの「路」を意味する。御が付くのだから神様の通るルートのことである。

薀蓄はこのくらいにして、みち、あるいは道路というものが、どうやって生まれてきて現在に至るかの歴史的考察に移ることにしよう。参考書とするのは、航路も含めた人類の移動に関する研究者として名高い墺人歴史家のヘルマン・シュライバーが著した『道の文化史』（関楠生・訳／岩波書店・刊）。そちらの世界では決定的な書き物とされている古典である。

さて。地球上に初めてできた道は何か。この設問に対する答えは誰もが簡単に思い浮かべるだろう。生き物が餌や水を求めて移動しようとするときには、障害物や険阻な箇所や外敵に襲われやすいところを避けて楽なルートを通ろうとする。そのルートは大概において共通するので、まず踏み分けられたルートを後続の生き物がまた同じく通り、そうするうちに荒野だった地面が踏み分けられてルートが固定してくる。こうして自然発生した移動ルート、すなわちケモノミチ（獣道）である。ただし、同じケモノでも、それぞれ身体的条件も外敵も違ってくるから、種類によってケモノミチは違ってくることもある。人間もまた同じくケモノの一員であるのだが、二足歩行で重心が高く、肉食獣に比べて戦闘力も脆弱などという特質のために、独自のルートが生まれた。これを指して、ケモノを外してミチ（道）としたわけだ。

そんな太古の昔の人間を考えてみよう。人類は旧石器時代までは狩猟採取によって生活していた。獲物を狩ったり植物を採ったりするときは、他の奴が通るルートをなぞったのでは成果がどうしても少なくなる。おこぼれを頂戴しようなどという発想では大成果は得られず飢えてしまうのだ。誰も知らないルートを通って誰も知らない採取場を探し当てた者こそが勝者となる。だから、この時点ではルートは固定されにくかったはずだ。

しかし、農耕というわざを発明した新石器時代となると様相が変わってくる。農耕によって人類は定住することになった。これによって、以前は家族および親族くらいが単位だった社会形態は、大きく膨らんでいくことになった。人数の多いその社会集団は、管理が及ぶ範囲のエリアを自分たちの支配領域として確定しようとする。こうして集団ごとに、生活や生業のための道が確定してゆく。

この時点では、道はそれぞれの集団の支配エリアごとに独立して存在していたのであろう。しかし、社会構造が高度化複雑化していくに従って、異なる集団どうしのあいだにおける貿易あるいは通商という行為が発生し始めた。自分たちに不足しているものと、自分たちにはふんだんにあって余っているものとを交換するのである。こうして、集落どうしを結ぶ長い道が生まれ始める。

シュライバーは『道の文化史』において、この段階から本編を書き進めている。第1章は、中央ヨーロッパを東西幾筋かに分かれて縦断する「琥珀の道」である。これは紀元前3000年から同1000年くらいの時代に、デンマークで採れる琥珀を、先に文明が発達した地中海やアドリア海へと運ぶために生まれた道であった。ちなみに、人類最古の道の遺跡のひとつが英国イングランド南西部のサマセット平原で発掘されたSweet Track——発見者

Ray Sweet にちなんだ命名――である。サマセット平原を２㎞にわたって貫いていたこれは、紀元前３８０７年に作られたものと比定されている。ブリテン諸島における紀元前３８０７年というと新石器時代に入ったばかりのころ。アングロ＝サクソンの進入だのローマ帝国の支配どころか、ケルト系が定住する以前にそこに棲んでいて、ストーンヘンジなどを建造した謎の民族の時代である。

もう少し時代が下ると、道は一気に大規模化する。

世界各地に強大な勢力を誇る中央集権国家が誕生した。中央集権には人とモノの移動が必須となる。通商のみならず軍事的面でも多数の人間を遠くまで円滑に運ぶ必要が生まれるし、軍隊には兵站がついて回る。軍事でも経済でもロジスティクスという概念が生まれる。そのためには道路が広範囲かつ大規模に整備されていなければならない。逆も真なりで、大規模に整備された道路網を確立するには強大な中央集権が必要だった。

例えば、紀元前３５６年にギリシャの名家筋に生まれたマケドニア王のアレクサンドロス３世は、元の領土であるバルカン半島のみならず、東はペルシア（現イラン）を経てインド亜大陸まで、西はシナイ半島を経て北アフリカのエジプトまで遠征して支配下に置き、アレクサンダー大王の異名を取った。古人は「大王は新しい道を作った」と言う。シュライバーはこれを以下のように解説している。「敵が戦場に到達する前にもう打ち破った」すなわち「彼はあらゆる装備あらゆる輜重兵器を持った大軍団をおどろくほど早く移動させた」のだと。そのためには従来の比でないスケールの道路整備が肝要となったのだ。アレクサンダー大王の覇道は、すなわち大規模な道路整備とイコールであった。

ここで重要なのは輜重という言葉である。

輜重とは、軍隊において前線に輸送すべき兵糧や武器弾薬などの軍需品の総称のことだが、「輜」という漢字が使われていることを見れば分かるように、それを運ぶのはクルマである。もちろん、その時代のクルマの動力源は人間や牛馬の類であるが、荷台に取り付けた車輪を転動させることによって重いものを円滑に移動させる方法論が既知のものとなっていたのだ。

だが、重いものを載せたクルマの車輪はすぐに地面にめり込もうとするから、これを楽に転動させるには地面が硬くなくてはならない。こうして舗装という概念が生まれた。初めはそれは土を踏み固める程度であったが、そのうちに岩石を平らに敷いて石畳とするソリューションが生み出された。

この舗装というソリューションを採用しつつ、大規模な道路網を創り上げたのがローマ帝国である。アレクサンダー大王が32歳で夭逝してマケドニア王国が衰退期に入ろうとする紀元前312年、まだ都市国家の連合国だった共和政ローマは、首都ローマから真東へ走ってアドリア海沿岸――マケドニア王国に対する防衛ラインであった――に至るアッピア街道を敷設する。それは軍勢を素早く移動させるためのルートであり、故に石畳で舗装されていた。そしてローマが共和政から帝政に移行して強大化するとともに、この軍事用舗装道路も同時に四方八方に長く延びていき、最盛期のトラヤヌス帝時代には総延長29万㎞となって、北はグレートブリテン島、北東はドナウ川、東は現在のトルコからイラクやシリアにかけて、西はイベリア半島からアフリカ北岸まで、合計1720万㎢に及ぶ広大な版図をカバーした。総延長29万㎞というと現代ではパキスタン（世界第20位）と同じくらいだ。この国の道路の舗装率は70％ほどだから全路が石畳舗装のローマ街道には遥かに及ばない。総延長約42万㎞（第15位）で同じく舗装率が7割弱というポーランドに比肩するこれは舗装路網であった。

「すべての道はローマに通ず」の故事を生んだその舗装路網には及ばないものの、同じころ東洋でも強大な中央集権国家が初めて誕生し、4万kmに及ぶ石畳の道路網が作られていた。中国戦国時代における七雄の一角であった秦は、紀元前247年に新王――のちの始皇帝である――が即位すると一気に強大化し、紀元前221年に中原平野（華北）を統一支配するまでになった。そんな秦の覇権の基盤となったのが、度量衡や通貨の統一といった国家経済の整備とともに、支配エリア300万km²をカバーして軍産ロジスティクスを飛躍的に伸長させた7481kmの舗装路整備であったと『中国公路史』は伝える。言い添えれば始皇帝の治世は11年と短い。その数字が誇大宣伝でなく事実とすれば、その十余年でそれだけの長さの舗装路を完成させたことは瞠目に値するではないか。そして、この秦による道路網は、取って代わってさらに支配域を広げた漢の時代になるとさらに伸長し、先記のような総延長4万kmの舗装路となって歴史に名を遺すことになったのであった。

秦の始皇帝はまた、領土内を巡遊するために道幅なんと67mに及ぶ馳道と呼ばれる専用道路を敷設したという伝説が残っている。この道幅の中央部分7mほどは盛り上げられていて、そこは皇帝専用の通路とされ、勅使ですら通行を許されなかった。その他の部分が軍産ロジスティクスに用いられたというわけか。ただし、その67ｍとは『漢書』にある道幅50歩という数字から算定されたもののようだが、英人科学史家で蒋介石の科学顧問として重慶に滞在して研究をしたジョゼフ・ニーダムによれば、これは50歩でなく50尺の誤りであるという。秦時代の度量衡だとこれは11・５ｍほどにあたる。どうもこっちのほうが妥当に思える。言い添えるなら、始皇帝は北方騎馬民族（このときは匈奴と呼ばれた）の侵入に備えるべく、有名な万里の長城を建造するとともに、そこに向けて首都の咸陽（長安）から真っ直ぐに７５０㎞も伸びる軍事道路を敷設している。先記の幅67ｍの馳道は、考古学上で確かだとされる遺跡が発見されていないのだが、こちらの直道は陝西省や甘粛省で遺構が発見されていて、確かに幅は30ｍほどあったことが実証されている。

以上の始皇帝の道路敷設に関するもろもろは、シュライバー書のみならず、終戦直後に京大工学部土木科を卒業したのち道路公団で日本の高速道路網を計画施行した武部健一が著した『道路の日本史』（中公新書・刊）での言及に拠った。その武部健一は同書で、舗装だけに留まらない道路建設上のソリューションについても触れている。

先記した漢時代の長大な石畳舗装路は、西域まで伸びる所謂シルクロードの基盤となったのだが、そのルートは崑崙山脈や天山山脈など山岳地帯を貫くルートが多い。そこまでの長躯ならずとも、漢の支配エリア内にも秦嶺山脈という3000m級の難所があった。のちの三国時代に蜀となって分立する四川省中央部と首都長安とを結ぶ道を遮るように秦嶺山脈は横たわっている。その難所を通るセクションは褒斜道と呼ばれたのだが、単なる道だけでは十分でないと考えたのだろう、岩を刳り貫いたトンネルが作られた。全長15・75mで全幅4・15m——この幅であれば徒歩や騎馬の人間のみならず輜重車までが通行可能だ——というこのトンネルは石門と呼ばれていて、『中国公路史』は世界初のそれだとしている。石門は後漢時代の紀元63年に着工して66年に完成したとされるが、その少し前にローマ街道のナポリ近郊セクションで2本のトンネルが紀元36年に完成して、これが考古学上で比定された最古のものと扱われている。こちらは幅が3.5~6.3mで、全長が1kmほどあった。

『道路の日本史』は、咸陽から四川省に至る秦嶺山脈ルートにおいて桟道と呼ばれる特殊な道路が建築されたことにも触れている。これは川沿いに切り立った険阻な崖ばかりのセクションを通行すべく、川に支柱を建てて、その上に踏み板を並べて崖腹から張り出す通路としたもの。秦嶺山脈ルートの桟道を整備したのは、かの諸葛孔明だという。孔明は中原に威を張る魏を討つべく、四川の蜀から軍勢を送り出すにあたって、その移動速度を速めるべく難工事を覚悟の上で大規模な桟道を作った。

ところで、こうしてホモサピエンス版のケモノミチから始まって、中央集権による施政の強力化に伴って進歩してきた道の発展史は、ここから先1800年ほどにわたって停滞期に入る。理由は簡単だ。人間世界の交通を支える最大のパワーソースが牛馬に留まったからである。舗装技術こそ、石畳のみならず、石膏やモルタル、アスファルトに始まって、小砕石を敷き詰めるマカダム舗装に至る多様なものが用いられていたし、構造も深く何層も敷く高度なものがローマ街道を皮切りに発案されていた。しかし、通るものが牛馬に牽かれたクルマである以上は、速度的にも荷重的にも大差はなく、それ以上の技術革新は不要だったのだ。こうして、道は世界中で作られて未開地は減っていたのだが、その構築技術に圧力が働かず、革新は行われなかったのである。
しかし18世紀に至って状況が一変することになる。といっても、急に進歩したのではない。まずは急に退化したのだ。

イギリスで1698年に技術者トマス・セイヴァリが、蒸気が冷えるときに発生する負圧を利用した揚水機を考案した。このときの特許を下敷きにして1712年に、トマス・ニューコメンが可動ピストンで封印したシリンダー内の蒸気を積極的に水で冷やすことで動かす揚水機を発案して、実働機も製作して手広く販売する。さらに1769年になるとジェームズ・ワットが、蒸気温度が上がる際の正圧も動力に利用し、また熱交換器を用いるなどして効率を上げた機構を発明。このワット機関はワッツリンク――当初の予定は連桿メカだったが既存特許があったのでこちらをまず発案した――を利用してピストンが上下動するときの直線運動を回転運動として取り出すことに成功しており、動力の使い勝手が大幅に広がった。こうして18世紀に蒸気機関が実用化されて、人類は初めて牛馬を超える動力を手に入れることになったのである。

そして、これがイギリスを先頭とする産業革命を引き起こすことになる。しかし、蒸気機関には莫迦デカく重いという制約があった。それゆえ、工場において据え付けで使う方法が真っ先に用いられ、移動する機械の動力源としては、その体躯が巨大な大型船舶から運用が始まり、そして19世紀に突入した直後に蒸気機関車が誕生することになった。

こうして19世紀の訪れとともに陸上交通は鉄道の時代へと突入した。そもそも蒸気機関車を走らせる鉄道は、ボイラーを焚く石炭を大量に輸送しなければならないという蒸気機関の宿命が要請したものでもあり、ジョージ・スティーヴンソンが１８１４年に創り上げて初めて実用に供された蒸気機関車も石炭を運ぶためのものだった。こうして鉄道によって大量の物流が実現し、然るのちに１８３０年から旅客を運ぶ業務がマンチェスター〜リバプール間を皮切りに始まったのだった。

人類史上のターニングポイントとなったこの蒸気機関車による鉄道という革命的な運輸手段は、瞬く間に欧米にあまねく広がった。以降30年のあいだに鉄道網の総延長距離は、先行したイギリスで３万２５００㎞、フランスで３万８０００㎞、成立を目前に控えたドイツではこれらを上回る４万２０００㎞となり、さらには広大な領土を持つアメリカ合衆国ではなんと

27万5000kmにまで延びていった。その結果、道路上を牛馬の動力でえっちらおっちら運ぶ方法は瞬く間に過去のものとなった。そして各国の資力もマンパワーも鉄道の敷設に専ら集中することになり、道路の整備はおざなりにされた。既存の舗装路も保守が行き届かず、19世紀の中盤に道路は一気に状態が悪くなってしまったのである。

そして迎えた19世紀末。オットーサイクルのガソリンエンジンで走る自動車が誕生する。個の移動ツールも漸く馬車から代わって高速化が実現することになった。嚆矢たる1885年のベンツ3輪車が出力した馬力は0・75hpで最高速も人間の全力疾走より遅い16km/hだったが、瞬く間に性能は向上して1898年に登場したベンツのアイデアル号(2.1ℓ水平対向2気筒モデル)は8hpを出して最高速も50km/hへと上がっていた。

こうなると道路に対する要求も変わってくる。人間が駆け出す程度のスピードならまだしも、50km/hを超える高速となると、路面は平滑でないと原始的な懸架機構とタイヤでは実際にまともに走ることも覚束ない。また表面が平滑であっても未舗装だと轍掘れがすぐにできてしまう。こうして前世紀にいったん寂れた道路に整備の必要性が発生し、再びその敷設や舗装の水準がV字回復していくのである。

この状況についてシュライバーは『道の文化史』において至言を記している。自動車の発明において先行したドイツが20世紀を迎えるころ簡単にフランスに追い抜かれたのは、道路整備の差によるものだと彼は言う。中世後期からヨーロッパ随一の中央集権体制を整え、また18世紀後半にはナポレオンが進軍のために道路整備に力点を置いたフランスに比べ、漸く小領邦が一国に統合されたばかりのドイツではそれが遅れていたのだ。

そんな具合に国によって差異があった道路の状況だが、第一次大戦が勃発して以降は、どの国もその整備に注力するようになる。それは軍事ロジスティクスゆえだった。兵站を鉄道に頼っていると、線路を1カ所でも破壊されると、その能力がゼロに落ちてしまう。そのリスクに鑑みて各国は、兵站は自動車化する方向を選んだ。こうして20世紀の中盤に至って、欧米各国は道路網の拡大と舗装や整備に力を注いでいくのであった。

こうしてグローバルな視点で道の誕生から現代までを見てきた。ここから先は、既述の武部健一『道路の日本史』を参考書として我が国における道路の歴史を振り返ってみようと思う。

『道路の日本史』は第2章において主題となる日本の道路の歴史を述べている。そして、魏志倭人伝に書かれた対馬の様子から筆を下ろしている。魏志倭人伝は、魏を引き継いだ司馬炎によって晋（西晋）が興された直後の3世紀末に、自らの国家誕生までを記す歴史書として書かれた『三国志』の一編である。その魏志倭人伝は、朝鮮半島から向かうときの日本への入り口となる対馬の様子について、「土地は山険しく森林多く、道路は禽獣の道の如し」と記している。ケモノミチであったわけだ。

また武部健一は、我が国における造道の最初の記録として応神天皇の在位3年目に遺されたそれを挙げている。応神天皇は第15代とされていて4世紀末から5世紀にかけての在位である。これまで見てきたように、それなりの規模の道路敷設は強力な中央集権のもとで行われるものであり、中国に400年遅れたころ日本でも漸くそれが緒に就いたということになるわけだ。

だが、歴史を見ていくと、日本の道路網はそれよりもずっと前に確立していたように推定できるのだ。

古代の日本の歴史は、専ら『日本書紀』や『古事記』に頼っていることはご承知のとおり。しかし、『古事記』は、後継と目されていた大友皇子に対して起こした壬申の乱（672年）に勝利した大海人皇子が、即位して天武天皇となったときに編纂を命じて8世紀初頭に成立した、国づくり神話から始まる紀伝書である。その後720年に、天武天皇の指示が『日本書紀』という国史としてできあがることになる。

『三国志』もそうだが、国家事業として編纂された国史の書は、その為政者の自己正当化を軸に書かれるに決まっている。『古事記』は、稗田阿礼という記憶の天才が覚えていたそれまでの日本の歴史を諳んじさせて、これを太安万侶が漢文で文章化したものだとされている。また『日本書紀』は、中大兄皇子――のちの天智天皇――が蘇我入鹿を暗殺した際に蘇我家の屋敷とともに類焼して失われてしまった多くの文献の内容を復元すべく書かれたものとされる。

ということは両書の記述内容を補完証明する先行文献がない状態で書かれたわけで、好き勝手に書いてよかったわけだ。そんな状況でヤマト王権の成立史を記すのであれば、その正統性を確立すべく編纂されて不思議はない。不思議はないどころか、権力者の常としてそうするのが当たり前だろう。

ヤマト王権以来の体制や、それを否定あるいは肯定するイデオロギーとは距離を置いて純粋に考古学として研究されてきた学理的な日本史は、今やこういうものであったのではないかとされている。

縄文時代（紀元前4世紀中ごろまで）から日本列島の各地には人々が定住する集落があった。それ以前の紀元前1万4000年以前においては、移動しながら生活していた旧石器時代だったが、縄文期に入ると打って変わって、採取狩猟生活ながらこれをシステム化することに成功して定住に移行し、大規模な集落が形成された。その縄文期の末には今度は農耕文化を持つ弥生人が日本列島に流入してきて、縄文人と混じって併存するようになる。ちなみに弥生人の渡来ルートは従来言われてきたような朝鮮半島経由や中国本土からのものだけでなく、南方の海洋経由というルートも少なくなかったことがDNA解析研究の結果で分かってきている。

こうした大規模集落を核とする社会は時とともに複層化・階層化していき、支配者がその頂点に君臨して地域を治める形態ができあがってくる。世界中どこでも見られるプロセスである。この時点で国という概念はなく、教科書的な言葉遣いで豪族の支配地と言えば聞こえはいいが、要は親分がシメているシマのようなものである。ただし、現在の指定団体が暴対法に締め付けられて示威的な振る舞いをしなくなっているのとは対照的に、当時の親分たちは自らの権勢を誇るべく大きく盛り土をした墓所すなわち古墳を築造するようになっていった。

そんな集団が割拠する日本列島は、温暖な土地であって農作物が安定して獲れ、海岸線も長いから漁獲も豊かであったのだが、それ以上に貴金属を含む鉱物など天然資源に——現在とは正反対に——恵まれた土地であった。その資源を求めて、先に高度な文明と中央集権を確立していた中国から、朝鮮半島を経由する交易ルートが延びてきた。そして、その窓口となった集団が、強大な権力であり交易の利をもたらしてくれる中国のお墨付きを背景に力をつけていく。他の集団は、交易において二次的な立場となり、勢力を減じたり、支配下に置かれるようになっていく。

そんな風に中国との交易窓口となって強勢となった集団のひとつが、『漢書』が触れている紀元前1世紀の「楽浪の海中にある百余国」であり、『後漢書』に記された紀元後2世紀初頭の「倭」であったり、3世紀末の魏志倭人伝に書かれた「邪馬台国」だったわけだ。ちなみに、邪馬台国のトップだった卑弥呼は所謂シャーマンであり、その宗教は中国伝来のものだったという説がある。といっても、そのころに「ここまでが自分たちの土地であり、そこに棲む人間が同じ過去の物語を共有する運命共同体」というネイションステートの訳語としての国家という近代の概念があるはずもない。それぞれの人間がそれぞれの都合に基づいて生業を立たせて生きていたわけで、属する集団がどれか程度の意識ではあったろう。言い添えれば古代の日本列島において朝鮮半島との人的交流は著しく、大規模な戦も何度か起きているが、右記の状況ゆえにそれは入出国でもなければ、国家間の戦争でもない。摩擦が起きた団体にカチコミかけたり敵の敵はトモダチ的に他の団体と盃を交わしたりだったと解釈すればいい。

ちなみに、集団の威勢が中国との交易によって立っている以上、それが強大になるのは向こうから船で行き来しやすいルート上にあるのは当たり前である。ゆえに出雲（島根）や九州北部や丹後、そして瀬戸内海の沿岸の各地や、その瀬戸内海の行き止まりである畿内までをシマとしてシメる集団が入れ替わり勃興した。それらの集団は交易ルートを成立させるためには友好的な関係を結んでいたほうがいい。それゆえ大阪以西の各集団は緩やかな連携によって結ばれた緩やかな連合を形成することになっていく。

そんな構図が変わるのが7世紀の後半である。

このとき中国では唐という帝国が成立していた。唐は勢力を中原平野から四方に伸ばしていき、朝鮮半島の大部分まで支配下に置く。それまで交易の中継点であり勢力構図のクッションであった朝鮮半島の国が消滅したことで、列島は唐というスケールの違った強国の圧力に直に晒されることになった。その圧力に対して列島が採った答えが、各集団が緩やかな連携とかいう呑気な話ではなく、結束して強固なひとつの集団を結成することだった。こうした連合の頭に浮上してまとめ上げたのが畿内にあったヤマト王権であり、ここに古代的概念における国家が成立し、日本という名を名乗ることになるのである。

このときのヤマト王権のリーグーは天智天皇だったという説が専らだ。在位が668年から672年とされている天智天皇が、有力な抵抗勢力である蘇我氏を既述のように滅ぼして即位したのも統一国家創設の仕上げであり、『近江律令』という日本初の成文法令体系を制定したとされるのも、その基盤を強固にするための一策であったろう。

というわけで、天武以前のそれとして『古事記』や『日本書紀』に名が出てくる天皇は、実在した場合もあるが、そうでない創作の場合もあり、実在した天皇でも足跡を膨らまされていたり合体させられていたりする、というのが通説である。こうした天皇たちや、さらには初代の神武天皇より遡る神様たちは、どうやらヤマト王権が支配下に組み込んだ集団の頭目の事跡や伝承を取り込んでいるようだ。出雲や飛騨など長くヤマト王権と一線を画してきた地方の伝承を調べていくと、そういう痕跡が朧気ながら炙り出されてくるのだ。


さて、漸くここからが本題である。

九州・山陰山陽・畿内の連合政権として始まったヤマト王権は、それ以前から東に勢力を伸ばそうとしていた。それも、すぐ傍の紀伊半島はもちろん、中京東海地区から関東にかけてのエリアまでに至っていたらしい。その証拠として挙げられるのが古墳。畿内から西日本や九州にかけて集団の文化を3世紀ごろから特徴づけていた前方後円墳は5000基ほどもあるとされるが、北の山形岩手南部にかけてまでしか見られない。以北は王権の影響力が及ばない「外国」として蝦夷の名で呼ばれた。だが、統一成立以降、ヤマト王権は列島全体の統一を目指して、阿倍比羅夫や坂上田村麻呂などに統率された軍勢をその「外国」へ送り出して支配圏を拡大していく。

と、ここで気づく。こうして大規模な遠征軍を送り出せたということは、蝦夷の棲む東北地方までの道が、それなりのレベルで整備されていたということに他ならない。街道というレベルで奥羽以南の日本には道路が確立していたのだ。例えば、12代景行天皇の皇子とされる日本武尊（ヤマトタケル）は、九州や東国を征討したとの物語が『古事記』や『日本書紀』にも見られる。言うまでもなくそれは伝説に類する話であって、両書の記述を丸呑みで信じるのであれば推測される西暦100年代にヤマトタケルなる人物が実在した証拠は出てきていないが、そういった武勲を立てた英雄的な人物はいたのだろう。

そのヤマトタケルの東征は伝説によれば以下のとおり。

まず畿内から伊勢に出て三種の神器のひとつである草薙の剣を拝領する。

そのまま伊勢湾沿いに回り込んで尾張（愛知西部）に出る。

さらに太平洋沿いに東へ進んで遠江（静岡西部）、駿河（静岡東部）を経て相模（神奈川）に至る。

相模の東端の走水海岸（横須賀）から船に乗って上総（千葉中部）に上陸する。

そこから陸路で常陸（茨城）を経て陸奥（福島から宮城にかけて）まで北上する。

取って返して上野（群馬）を通って甲斐（山梨）に出て、そこから武蔵（東京）に。

今度はそこから再び上野（群馬）に北上し、碓氷峠を越えて信濃（長野）に入る。

信濃から野麦峠を越えて飛騨（岐阜北部）に入る。

一転して下って美濃（岐阜南部）から尾張（愛知西部）へ。

その先の関ヶ原の近くの伊吹山で負傷あるいは病を得る。それでも畿内に帰還すべく西に向かうが、やっとのことで能煩野（三重県亀山）まで辿り着くがそこで絶命する。

もちろん建国の伝説の一場面だから話をずいぶん盛ってはいるのだろう。実在の英雄がここまで本州の中央部を回ったとも限らない。しかし『古事記』『日本書紀』にそういう伝説が書かれているということは、少なくとも書かれた時点では登場する各地を繋ぐ道路が存在したということである。また、畿内や伊勢から尾張までの道が整備されていた傍証もある。これは史実たる壬申の乱のとき、吉野（奈良）に隠遁していた大海人皇子は美濃から尾張に赴いて自分を支持してくれる勢力と合流し、名張（三重県伊賀）の関所を強硬突破して近江（滋賀）の大津宮に攻め込むのである。この名張の関所は、６４５年に発布された大化の改新に含まれた律令として制定されたものだ。

大化の改新には各地の領域を定め直して戸籍を設け、税法を制定するなど、国家としての基盤を形作る条項が核になっているが、その中に駅制という道路運用法も定められていた。それは、主要道路の16㎞毎または要となるところに駅という関所を設け、駅には駅馬と呼ぶ速駆けが可能な馬を置いておく。これによって、不審人物の交通を監視する警察機能とともに、情報をなるだけ速く伝える高速通信網の機能も持たせていた。当然ながら監視機能とこれを伝える通信網は政権の管轄下にある。だから、大海人皇子はそれを破ってクーデター軍を王宮に進めたのである。

この法制度（律令）には駅路（街道）もまた主要7ルートが指定されている。それ以降、平安時代に至るころまでに制定されたその駅路を示す。言い添えれば、ここから先は考古学的に存在がほぼ確定している話である。

五畿七道と呼称されたそれは、大和（奈良市）・摂津（大阪難波）・山城（京都長岡）・河内（大阪東部）・和泉（大阪南西部）という当時の首都圏だった畿内5国エリアに起点を置き、そこから日本の各地に向かって伸びる主要幹線道路である。以下に、その7本の道を連記する。

［東山道］
近江（滋賀）→美濃（岐阜南部）→信濃（長野諏訪地区）→上野（群馬）→下野（栃木）→陸奥（福島から北）

下野からは武蔵（東京）へ向かう分岐路があった。この時代の武蔵は未ださほど開けていない土地だった。言い添えるなら、現在の東京都南東部は陸ではなかった。江戸城に幕府を置くことにした徳川家康が国家事業として埋め立て事業を進めるまで、皇居のところまで遠浅の海だったのだ。ゆえに、江戸時代以前の武蔵の国とは、江戸城から西の武蔵野台地部分であり、武蔵の国府は府中市にあった。現在の三多摩地域のほうが中心だったのだ。

近現代において日本の道路交通の要となっている東海道ではなく、東山道を最初に挙げたのは、平安時代においては東国へのルートはこちらに重きが置かれていたからだ。次に挙げる東海道は、平坦な地を通るルートが多く、その点では交通は楽だったのだが、問題は長良川・木曽川・大井川・富士川といった大きな河の最下流の幅が広いところを横切っていた。当時はもちろん橋などなく渡し船を使うしかなかったのだが、その船も技術が未発達でリスクが大きかったのだ。

また軍事利用には東山道のほうが有利という要素もあった。東山道は、日本の屋根と俗称される2000〜3000m級の山地を通っている。しかもルートはわざわざ谷筋でなく山筋を通している。これだと交通そのこと自体や水の確保は難儀だが、最高部を縦走するのであれば下への視界はよい。ゆえに襲ってくる敵を発見しやすいのだ。また谷側から見上げて発見されても敵方は登るのに難儀するから、落ち着いて逃げるなり迎え撃つなり対策ができる。こうした理由で東山道のほうが重用されていたのである。現代において東京〜大阪間は第1もしくは第2の東名高速を使う方法が主役であり、中央道は補完的な位置づけになるけれど、1000年以上前は逆だったのだ。

言い添えれば、ヤマト王権が送り出した北伐の侵攻軍によって、平安時代にはその勢力範囲は宮城から秋田にまで広がっており、福島から先の多賀（宮城）まで陸奥路と呼ばれる道ができていた。さらに宮城から秋田へ向かう道は出羽路と呼ばれた。

美濃（岐阜南部）から飛騨（岐阜北部）にも分岐路があって、これは飛騨路と呼ばれた。飛騨へはヤマトタケルが辿ったように上野（群馬）から信濃（長野）を経て入るルートもあり、平安以前にはこちらのほうが用いられていたようである。

［東海道］

近江（滋賀）から東海地方に向かうのは東山道と同じだが、東海道は伊賀（三重西部山間部）を通って伊勢（三重伊勢湾岸部）に出た。現在、東京〜大阪間を高速道路で移動しようとすると、名古屋から関ヶ原を通って京都に向かう名神高速ルートと、名古屋市を脇に見て伊勢湾岸道に入って東名阪道・西名阪道を行くコースの2択となっている。平安時代の東海道は、新しくできあがった後者と似たルートだったわけだ。

ただし、平安時代の東海道は、伊賀から下って志摩に出て、そこから船に乗って尾張（愛知県西部）に入る方法も使われた。

そこから先はこうなる。

尾張↓三河（愛知県東部）↓遠江（静岡西部）↓駿河（静岡東部）↓伊豆（伊豆半島基部）↓箱根↓相模（神奈川）

ここまでは先に記したヤマトタケルの東征ルートと一緒である。ヤマトタケルは相模のどんつきまで進んで、海に突き当たる横須賀から船に乗った。

ちなみに、平安時代の東海道は、相模からルートが分岐する。ひとつは相模から現在の中原街道に近い直線ルートで武蔵（東京）に入るもの。いまひとつは、ヤマトタケルのように横須賀から船に乗るのだが行先は武蔵でなく、上総（千葉中部）の富津岬。ここで上陸して、そのまま北上して常陸（茨城）に向かうのである。大昔は武蔵なんてその程度の重要度だったのだ。言い添えればヤマトタケルは武蔵から甲斐（山梨）に向かったが、そちらへは伊豆から直接に北へショートカットするルートもあった。武蔵なんぞに用がなけりゃ、そのほうが早道である。

また既述のように、東海道は大河を渡るセクションが多くて忌避されたのだが、10世紀以降になると渡し船の信頼度が上がって、徐々に東行きの道の主役の座を東山道から奪い始める。とはいっても、江戸時代の『東海道中膝栗毛』にも描かれたように渡河の難易度は低くまではならなかった。

[北陸道]

近江（滋賀）→若狭（福井西部）→越前（福井中部）→加賀（石川南部）→能登（石川北部能登半島部）→越中（富山）→越後（新潟）→佐渡

東山道の信濃（長野）から北上して北陸道に合流するルートもあったようだ。

[山陰道]

近江（滋賀）→丹波（京都中部）→丹後（京都北部）→但馬（兵庫北部）→因幡（鳥取東部）→伯耆（鳥取西部）→出雲（島根東部）→石見（島根西部）→長門（山口西部）

出雲から船で隠岐島に渡るルートがあった。隠岐諸島には縄文時代から人が生活して本土とも行き来があったようだが、このころの時代は後鳥羽上皇や後醍醐天皇も送致された遠流の島になっていた。

［山陽道］
播州（姫路）→美作（岡山北東部）→備前（岡山南東部）→備中（岡山西部）→備後（広島東部）→安芸（広島西部）→周防（山口東部）→長門（山口西部）

［南海道］
和泉（大阪南部）→紀伊（和歌山北部）→【海路】→淡路島→阿波（徳島）→讃岐（香川）→伊予（愛媛）→土佐（高知）

［西海道］

これは九州を周回するルートであり、起点は関門海峡を挟んだ筑前（福岡北部）となる。

筑前↓筑後（福岡南部）↓豊前（福岡東部〜大分北部）↓豊後（大分）↓日向（宮崎）↓大隅（鹿児島東部）↓薩摩（鹿児島西部）↓肥後（熊本）↓肥前（佐賀〜長崎）

肥前から海路で壱岐島を経て対馬まで渡るルートもあった。

こうしてみると、律令が制定した道路網が、ほぼそのまま現代の高速道路網と一致することに気づく。建設省から道路公団に赴いて高速道路計画を策定する一員になった武部健一は既掲書『道路の日本史』において、様々に絡み合う要素を慎重に考慮してルートを描けば、1000年前も現代も同じ結論になるのだと書いている。

さて、この律令で決まった主要幹線道路が少し変化を見せる時が来る。源頼朝が鎌倉に幕府を置いたときだ。

軍事力によってのみ成立した鎌倉幕府は、それまでの首都であった京都との交通を整備する必要に迫られたから、東海道を軸にしてこれに注力することになった。また、鎌倉から東京湾沿いに北上して日比谷に上陸してから西へ曲がり込んで武蔵国府（府中）に行くのは遠回りだから、真っ直ぐに北上するルートを整備した。これが現在の鎌倉街道である。ただし、当時の鎌倉街道は関東全域他の御家人が一朝事あって「いざ鎌倉」となったときに迅速に移動できるように設えた複数のルートであり、言ってみれば鎌倉を中心として四方八方に伸びる軍用道路の総称ではあった。

ここまで見てきたように、平安時代までの幹線道路は畿内から各地に伸びていくものであり、古代日本の中心であった西日本においては充実していたのだが、東へ行くほど重要度は薄れていくのも仕方なかった。ところが、今度は関東から道路整備が始まったわけで、殊に両側から整えられた東海道の状態は向上した。

そうしたトラフィック能力の刷新に伴って、宿場など道路インフラの整備も付随して行われたから、長距離旅行は一気に楽になった。その結果『更級日記』（千葉～京都）や『海道記』『十六夜日記』（京都～鎌倉）をはじめとした紀行文学がこの時代に一気に花開くことになった。また鎌倉時代の中期に、蒙古率いる高麗との連合軍が対馬に初めて押し寄せたとき、その報せが京都の幕府出先機関（六波羅探題）に届くのに12日を要したのだが、博多に来襲した二度目の元寇のときは京都まで6日で報せが届いた。未曽有の国難に際して道路とその上を走る通信網は大幅に改善されたのである。

このように日本の道は進化してきたのだが、南北朝期から室町時代を経て戦国時代に入るころ、それは後退していくことになった。喰うか喰われるかで油断ができない乱世において、支配者は自らの支配地域を堅く守ることをまず第一に考え、周囲を結ぶ道路は危機管理のために遮断されることが多かった。整備がおざなりになった道路は当然どんどん荒廃していく。

だが、織田信長を前駆として、豊臣秀吉そして徳川家康へと全日本を統一支配する者が現れて、中央集権体制が固まると、再び道路は整備されるようになった。家康は、宿場を一定間隔に設置して必ず伝馬を常備させるなどのインフラ制定も含めて五街道を整備していった。江戸時代の交通については「入り鉄砲に出女」が有名だが、反幕府勢力による政権転覆の恐れが遠のいていくに従って交通の検問は緩やかになって、一般の町人が豊かになっていったころになると、伊勢参りや大山参りといった信仰に名を借りた長旅も許可されるようになっていった。

そして迎えた明治時代。薩長出身者を頭に擁いて、現場を江戸幕府の行政官が固める形でスタートした新政府は、先進国たる欧米の施策をそのまま模倣して富国強兵策に邁進するのだが、それがゆえに道路は欧州と同じ運命を辿ってしまった。明治政府はロジスティクスの革新を果たすべく、交通に関する国費を鉄道の敷設に偏重させてしまったのだ。このため道路整備は後回しとされた。そもそも日本の道路は、既に馬車に対応して舗装率が上がってきていた欧米に比して、徒歩が主だったために舗装もされていないどころか、路面を均すことさえ十分に行われていなかった。同じ後退でも彼我の差は大きかったのである。

そんな日本の道路行政が上向きに転じるのは、皮肉なことに関東大震災という大惨事があったからだった。道路に関する初めての法律である道路構造令は１９１９年に制定されていたのだが、震災から復興を企図する際に、東京中心部のみではあるが舗装道路の敷設が行われた。これを契機にして、幹線道路の舗装に向けて行政は舵を切るのであった。

ちなみに、舗装路を半ば必然のインフラとする自動車は、大正時代末には総保有台数が3.2万台だったが、廉価なダットサンの登場などもあって昭和7年には10万台を超していた。また1930年代において兵站の自動車化は世界の確定的トレンドであった。この自動車普及率の向上圧力に応えるべく、内務省はドイツ帝国のアウトバーン計画に範を取った自動車国道計画を1940年に策定。総延長5490㎞に及ぶそのネットワークは、本州の沿岸を一周するルートを基本にして、これを縦貫ルートで繋ぐ基本構想であった。

だが時局は風雲急を告げ、大日本帝国は枢軸国として連合軍との戦争に突入していく。兵器生産も危うかった当時の国力では、高速道路網はおろか道路整備もままならなくなった。こうして日本の道路の成長には急制動がかかり、中島飛行機の機体製作工場でできあがった零式艦上戦闘機が牛に牽かれて未舗装の畦道を納品に向かうという情けない光景が現出することになったのである。

そして迎えた終戦後。近代的インフラが何もかも破壊された日本で、道路復旧の音頭を取ったのはＧＨＱであった。占領軍としてやって来たアメリカ軍は完全に自動車化されていて、その運用を企図どおりに行うには舗装や拡幅を含めた道路整備が必須だったのだ。

こうして戦後日本の道路の伸長はＧＨＱによって端緒が開かれ、１９５２年の主権回復を経て目覚ましい高度成長に伴って上げ潮の時期を迎えることになるのである――。

その結果が現在の総延長距離１２８万１７９３・６㎞に繋がっていったわけだ。その距離は既述のように世界第６位。また、その数字を陸地面積で割った道路密度では、我が国は3.4㎞／㎢ほどで、アジアで最もよい数字であり、欧州各国と比べても倍近くにもなる。これは山だらけで、人間が棲むに適した平坦地の割合が３割を切るという国土の条件まで考慮に入れれば、なおのこと優秀に思える。

ただし、そのため幹線道路であっても曲がりくねってアップダウンが連続するから、大規模な自動車による物流は日本では中小型トラックによる個別配送に頼らざるを得ない部分があり、それによってトラフィックのカオスは重篤のままで、殊に高速道路における乗用車との混走が生むアクシデント確率は小さくない。

ちなみに日本の道路の舗装率は８割強で、１００％近い西欧各国の後塵を拝するが、これは狭隘な山間を通る細い枝道が市町村道に多くて、それが総延長距離の数字を押し上げているのも一因だろう。アスファルトでなくコンクリートを簡単な基盤の上に敷いた簡易舗装を除くと、舗装率が一気に28％に下がるのも、同じ要因だと思われる。

そんなことよりも心配なのは保守がこの先どうなるかだ。国債発行額が２０２３年度予算では35兆６２３０億円に達する日本の国庫には金はない。地方自治体にはもっと金がない。だが、高度成長期に作られたトンネルや橋梁は半世紀近くが経って手厚い保守を必要とする時期が来つつある。

自然が苦手でゴミゴミした都会じゃないと和めない因果な性質を持つおれだが、数年前から仕事で地方に、しかも都市でない地域にあちこち足を踏み入れるようになった。そんな地方で視るのは、舗装が荒れてガードレールは錆び、あまつさえ地盤から危うそうな過疎地の道路。２０１８年夏に各地で起きた豪雨による被害は道路にも及んだが、そうした保守不全が水面下で一因になっているような気がする。

総務省が発表しているように、２１００年に日本の人口は５０００万人を切るという予想が現実になるのであれば、それは明治末期の水準であり、先記の可住面積の狭さのことを考えれば、漸く真っ当な人口になるとも言える。そうなれば、山間の過疎地の居住は減り、都市部に人口は集まる形になるだろう。であれば、山間まで網羅した細道の有用性は薄れ、保守が行き届かず朽ちるに任せても実害は薄いとも捉えることができる。人口が多い都市部と、それを結ぶ幹線道路にカネを重点的に投入すればいいわけだ。選択と集中というやつである。

だが、地方への利益誘導で票を集めることが正しい在りかただと未だに思い込んでいるチンケな政治屋が、それを阻むのではないか。彼らが行政を正しく誘導することを邪魔しないように期待するのみである。そうなのだ。電気自動車の是非とか自動運転の行く末なんぞの以前に、この国は道路そのものが静かに危機に向かっているような気がおれはしているのだ。

（FMO 2018年9月18日号）

新型ハイラックスを知る

ハイラックスの名は皆さんご存じだろう。トヨタのピックアップトラックである。ピックアップトラックといえば毎年コンスタントに３００万台を売る北米市場が真っ先に思い浮かぶけれど、実は発展途上国でも大きな市場を保持する所謂グローバル商品である。その一方で我が国では、ハイラックスは先代のとき——宿敵のナバラ（旧名ダットサントラック）もそうなのだが——販売されていなかった。ところがトヨタは、２０１５年５月にフルチェンジした８代目Ｎ１２５系ハイラックスを、２０１７年９月に日本市場へ再投入したのだ。

で前置きを済ませてしまったら只で読める薄っぺらなネット記事である。それでは本書を買ってくだすった皆さまに申し訳が立たない。そこでいつもの長広舌を振るわせてもらおう。まずは70年近くにわたるトヨタのその系統の車輌の歴史だ。

乗用車とトラックという大枠での二分に従えば、ピックアップトラックもクロスカントリー4WDも後者として認識されているのだろう。そしてトヨタのそうした種類の車輛の系統はなかなか複雑怪奇なのである。

トヨタにおけるクロスカントリー4WDの出発点は、戦時中に軍からの要請を受け、鹵獲したバンタム社版ジープの設計を引き写して1944年に作った四式小型貨物だ。乗用車と同じくトヨタはあからさまな模倣から始めたわけだ。なにしろ相手のアメリカとは戦争中である。権利侵害と告訴されるどころか、勝てば官軍だし負ければ殺されるから、否も応もなくコピー商品を作ったのだ。とはいっても日本の自動車技術が幼稚園児レベルにいた当時のこととて、乗用車と同じように、真似するスキルすら伴っていないから、できあがったものは下手な物真似以下となり、また軍から敵味方を見間違えると困るから外観は変えろと命じられたおかげもあって、とりあえず別の機械に見えたという話が残っている。トホホという死語が出そうになるではないか。

そんな四式小型貨物は1951年に世代交代する。戦後すぐに開発されて主力商品だったSB型1tトラックのラダー型フレームを使い、そこにB型3386cc直6OHV（これも戦前にシボレーの直6をコピーしたもの）を載せて、ジープそのままにパートタイム4WD駆動系を組み合わせたもの。ちなみにこの新型車はトヨタ・ジープＢＪ型という名称だった。真似したばかりか今度は名前まで頂戴してしまったのだ。

だが既に戦後であり、翌52年に主権が回復するまで日本は連合国の占領下にあってＧＨＱの管轄下にあった。だから、その名義拝借は当たり前だが怒られて、３年後にランドクルーザーに呼び名が変わった。21世紀のトヨタが伝統だと誇るランクルは、こういう恥ずかしい経緯で生まれたのだった。

言い添えれば、このＢＪ型は自衛隊の前身である警察予備隊からの要請で生まれたのだが、同じく要請を受けた日産は恥ずかしいという概念を知っていたのかパトロールという車名にした。それは当然であった。三菱が１９５０年にアメリカ合衆国政府の肝煎りで本家ウィリス社と契約して、ジープのノックダウン生産をすることが決まっていたのだ。正式に契約した本家筋がいるのに偽物が本物の銘柄をイケシャーシャーと名乗るとはどういう精神構造なのだろう。そして警察予備隊に制式採用されたのは、もちろん本家筋の三菱ジープであった。

そんな具合にグダグダな成り行きで生まれたランクルは、１９５５年８月に20系へ世代交代する。

ところで、トヨタも日産も乗用車のみならずトラック類を北米市場へ輸出することで成長してきたことはご承知のとおり。そのアメリカ進出に際しての尖兵として選び出されたのが初代クラウンだったのだが、当時の乗用車づくりの実力は未だ小学生レベルだったのでアメリカ市場には受け入れてもらえず、代わりに機械のデキが少々粗雑でも廉ければ余地がある20系ランクルが選ばれることになった。

そして、幸運にもこの20系ランクルが一定の販売成果を残したために、トヨタは腰を据えてアメリカ市場を視野に入れる。乗り心地や居住性の改善を主眼として、また20系の末期に追加されていた屋根付き5ドア形態ボディを本格的に展開することも加えて、後継の40系を開発して、1960年8月に送り出す。この40系がFJクルーザーの意匠の元ネタになったランクルである。


ここまでは一本道である。そして、ここから話がややこしくなり始めるのだ。

トヨタは、アメリカ仕向けに徹したモデルとして、その40系の5ドア・ワゴンをもとにサイズと性能を向上させて意匠も荒っぽさを減らした55／56型を1967年に追加する。

この55／56系は、1980年に、さらにモダナイズされて大型化した60系に移行していく。アメリカ向けと、国内を含むその他の仕向けに、ランクルはここで二手に分かれたのだ。


さて。ここでジープから発展していって本格的クロスカントリー4WDへと成長していくランクルの歴史譚をいったん中断して、ピックアップトラックのほうの歴史を見ていこう。

クロカンではジープの模倣から始めたトヨタだったが、ピックアップトラックは余所から居抜きで頂戴したものだった。1966年に日野自動車を吸収した際、彼らの小型トラックであるブリスカの2代目H100系をトヨタ名義へと変えて、その歴史が始まったのだ。ちなみにエンジンは2代目日野コンテッサが積む1251cc直4OHVを使う。初代では2列シートのバン型ボディもあったが、2代目は並列3座のシングルキャブの後ろに露天の荷台が伸びるピックアップトラック型ボディのみとなっていた。競合車はもちろんあのダットラである。

このトヨタ・ブリスカは1968年3月にフルチェンジする。開発は日野が主導で行った。モデル名も新たにハイラックスとつけられた。本稿における主人公の祖先がここで誕生するわけだ。

そんな初代10系ハイラックスは1972年5月に2代目20系へ、そして1978年9月に3代目30／40系へと進化していく。

こちらも、そこからがややこしくなる。クロカン4WDのランクルとピックアップトラックのハイラックスという別々の系統が混じり合うようになっていくのだ。

ランドクルーザー40系は、北米向けに1980年代以降ゴージャズ化した60系を補完するように、ヘビーデューティ性を増強した70系へと84年11月に世代交代する。

と同時に、70系ランクルにはライトデューティ的な仕立ての仕様も追加された。ところが、その中身は実はハイラックスのコンポーネンツを流用したものだったのだ。

このライト版は90年にプラドのサブネームを与えられて独立する。つまりランドクルーザー・プラドは、親戚のハイラックス家から貰い受けた養子のようなものだったわけだ。

一方のハイラックスも系統が複雑化していく。

こちらは1983年11月に4代目へと交代するのだが、このとき今日で言うSUV的なバリエーションを北米向けに増設し、ハイラックス・サーフと命名したのである。

北米におけるSUVはピックアップトラックの荷台にキャビンを載せる形で生まれたものだから、これはある意味で当然の措置と言えた。それはともかく、この時点でハイラックスとハイラックス・サーフとランドクルーザー・プラドは同じ中身の三兄弟だったのだ。

ハイラックスとハイラックス・サーフは、それぞれ1988年9月と1989年5月に次世代へ転換していく。

この世代でハイラックスは全幅1.7m寸前にまで大きくなっていたわけだが、それでも北米のトラックからすれば小さい。そこでトヨタはハイラックスを大型化した乗用重視のピックアップトラックT100を92年に派生させる。その一方でハイラックスの北米市場特化版へビーデューティ指向ピックアップとして95年にタコマを増設する。かたやT100のほうは99年に世代交代してタンドラと名乗るようになった。さらに翌2000年には、そのタンドラの5ドア・ワゴンSUV版としてセコイアが増設される。ハイラックス本体は21世紀を前に北米から消えるのだ。

かたやランクルは、北米向けの60系を、さらに豪華に設えた80系へと1989年に交代してレクサス版も加えて登場させる。以降、1998年登場の100系、2007年登場の200系とプレミアム化への道をひた走っていく。

それと並行して、ランクル・プラドのほうは、1996年デビューの2代目90系を経て、3代目120系へと2002年に進化する際に、ハイラックス系統の北米攻略モデルの充実を受けて、欧州指向のSUVに転換していく。

という具合にハイラックスとランクルという2本の河は支流を増やしてカオス化していくのだが、21世紀を迎えて勃興してきたアジアなど新興市場への対策も急務となってきた。そして、その主力軍として採り上げられたのが、連綿と日野で開発と主生産が行われていたハイラックス本体であった。

このときトヨタは、タイのそれをマザー工場としてアルゼンチンやインドネシアや南アなどグローバルにまたがる生産計画を立案。そこで生産されるピックアップ（7代目ハイラックス）、5ドア・ワゴンSUV（フォーチュナー）、ミニバン（イノーバ）をIMV（Innovative International Multi-purpose Vehicle）なる共通プラットフォームで開発することも決定した。こうして中国と北米を除くグローバル展開モデルとなった7代目のハイラックスは日本市場への適合性を諦めざるを得ず、それが誕生した2004年から本邦での販売は中止されたのだった。

しかし、IMV車が2世代目に進化して先鋒に選ばれた8代目125系ハイラックスは、最新の規制適合ディーゼルGD型をパワーユニットに得たこともあって、再び日本市場で販売されることになったのである。

というような複雑怪奇な経緯は叙述だけでは頭に入ってこないだろうからフローチャートにしておこう。

■ **ランドクルーザー系統**

□AK10型四式小型貨物（1944年）

□BJ型トヨタ・ジープ（1951年）
□BJ型をランドクルーザーに改名（1954年）

□20系ランドクルーザー（1955年）

□40系ランドクルーザー（1960年）

□55/56系ランドクルーザー（1967年）

□60系ランドクルーザー（1980年）

□70系ランドクルーザー（1984年）

□70系ライトデューティ版（1984年）

□ランドクルーザー・プラドに改名（1990年）

□80系ランドクルーザー（1989年）
□80系レクサスLX450（1996年）

□90系ランドクルーザー・プラド（1996年）

□100系ランドクルーザー（1998年）
□100系レクサスLX470（1998年）

□120系ランドクルーザー・プラド（2002年）

□70系ランドクルーザー終売（2004年）

□FJクルーザー（2006年）

□200系ランドクルーザー（2007年）
□200系レクサスLX570（2007年）

□150系ランドクルーザー・プラド（2009年）

□70系ランドクルーザー限定販売（2014-2015年）

□FJクルーザー終売（2018年）

□300系ランドクルーザー（2021年）
□310系レクサスLX600（2022年）

■ ハイラックス系統

- □日野ブリスカ初代（1961年）
- □日野ブリスカ２代目H100系（1965年）
- □トヨタ・ブリスカGY10系（1967年）
- □初代10系ハイラックス（1968年）
- □２代目20系ハイラックス（1972年）
- □３代目30/40系ハイラックス（1978年）
- □４代目50/60/70系ハイラックス（1983年）
- □60系ハイラックス・サーフ（1983年）
- □５代目80/90100系ハイラックス（1988年）
- □130系ハイラックス・サーフ（1989年）
- □T100（1992年）
- □180系ハイラックス・サーフ（1995年）
- □初代N100系タコマ（1995年）
- □６代目140/150/160/170系ハイラックス（1997年）
- □初代XK30/40系タンドラ（1999年）
- □初代XK30/40系セコイア（2000年）
- □210系ハイラックス・サーフ（2002年）
- □２代目N200系タコマ（2004年）
- □７代目10/20/30系IMV車台ハイラックス（2004年）
- □２代目XK50系タンドラ（2006年）
- □２代目XK60系セコイア（2007年）
- □280系ハイラックス・サーフ（2009年）
- □３代目N300系タコマ（2015年）
- □８代目125系ハイラックス（2015年）
- □３代目XK70系タンドラ（2022年）
- □３代目XK80系セコイア（2022年）
- □４代目N400系タコマ（2023年）

□新型ハイラックスの開発を訊く

というわけで日本に再上陸してきた8代目ハイラックス。その日本仕様に試乗できることになったのだが、いつものように単に走らせて何か言うというわけにはいかぬ。なにしろ乗用車と違って、車輌がどんな着地点を目指して開発されているか、こちらは視界も茫洋としてはっきり掴めていないのだ。乗用車は消費財であるが商用車というのは生産財である。平たく言えば人間の欲望の対象となる商品ではなく、生きる糧を生み出すための道具だ。かつて行った一連の軽トラ取材のとき、「生産財としての自動車は、それがどういう状況でどう使われる道具なのかという点こそが、その設計を規定するのだ」という点をあらためて痛感させられた。ゆえにまずは開発陣にその点を訊いておくことから始めた。

カンパニー制度を敷くようになったトヨタにおいて、8代目ハイラックスの開発は商用車を担当するCV（Commercial Vehicle）カンパニー内で行われたという。チーフエンジニアを務めたのは先代IMV車チームに在籍していた前田昌彦技師。前田技師にお話を伺った試乗会会場では、同じくエンジン等に携わった栗田賢二技師とシャシー設計を担当した河野雄二技師にも同席いただいた。

――この8代目ハイラックスは先代に引き続きアジアはじめ中東やアフリカや南米など世界展開するピックアップトラックという立ち位置です。どのように開発を組み立てたのでしょうか。

前田　我々にはトヨタのスタンダードというものがあります。開発にあたって最低到達ラインというものがある。でも、それだけだとフリートやワークで使ってくださるお客様に満足してもらえません。「前のハイラックスはこうだったじゃないか」という声が必ず随所に入ってくる。特に堅牢性ですね、ワークに使用される場合では。そういうものを前モデルと同じレベルにまず持っていく。

――前には担保されていた性能がひとつでも欠けると見放される。道具としての自動車のモデルチェンジではそこが何より厳しいと。

前田　僕らとしては「見据える基準は信頼だよね」という世界観でした。

――これまでのハイラックスに対する信頼こそが開発の根幹だと。ユーザー要求に応えたから信頼が築かれたわけですが、ではその要求とはどういうものだったのでしょうか。

前田　ハイラックスはピーク時で年産70万台、昨年の実績では50万台強という台数です。しかも北米や欧州だけではない国際商品。例えば堅牢性にしてもレベルが違ってきます。しかも、ワークで使っているお客様もいればプライベートで使うかたもいる。両方という場合もある。乗り手の層が厚いんです。CVカンパニーにはダイナやプロボックスを担当するメンバーもいるのですが、ハイラックスはそこが一大特徴なんです。

――道具であるだけじゃない。生産財であると同時に消費財の側面もあると。

前田　例えばタイに行くと、車高の倍くらい野菜を積み上げて生産地から市街地まで運んでいる。我々が表示する1tという数字を軽く無視して2倍積みや、ときには3倍積みまでするんです。

――日本における軽トラと似ていますね。となると、サスペンションの懸架系や緩衝系もそれに耐えるように固めなければならない。

前田　ところが乗り心地に厳しいのもタイなんです。タイはピックアップへの課税率が低くて、例えばカローラとハイラックスのダブルキャブ仕様が同じ金額で買えたりします。

――ならばカローラじゃなくてハイラックスを乗用車として買う人も多くなる。

前田　しかもバンコクから網目のように広がるハイウェイでは１４０㎞／ｈくらいで飛ばす人もいます。なのに路面は決してよくない。

――という中で乗用車として不満が出ない乗り心地を確保しないといけないわけですね。

前田　ですので、ハイラックスは基本的に世界統一仕様なのですが、タイだけはリーフばねを柔らかいものに変えてあります。

――柔らかいそういうばねで3倍積みまで大丈夫なのでしょうか。

前田　向こうは、それに対応するリーフばねやホイールが社外品で用意されているカルチャーなんです。

――その負荷を前提にシャシー設計をすると。

前田　それから南米あたりですと炭鉱に使われています。炭鉱で使うクルマといっても役割分担ができていて、炭鉱の中に入っていくのは70系ランクルで、地上基地まで人と荷物を載せていくのがハイラックス。こちらで推奨しているわけじゃないんですが、そういう世界観ができあがっている。タイとはまた違って、オフロード性能などを含めてばねをしっかり機能させることを考えなければなりません。

栗田　南米の炭鉱だと高度４０００m以上の峠を越えていく場合も多い。空気が薄いので物理的にスペック表示した性能は出ません。

前田　そういう状況でワークに使われるわけです。こちらは低圧室でテストはしますけれど実際にどうなるのかは分からない。持っていって現地のお客様の使いかたをしてみて試すしかないんです。

栗田　ペルーあたりだと酸素ボンベを持っていくんですよ。

——高山病の対策をしながらの現地テストになるのですか。エンジンは寒冷地での始動も課題になりそうです。低温始動の限界はどのあたりに設定されているのでしょう。

栗田　マイナス30℃ですね。試験場ではマイナス35℃までやっていますが、完全に再現はできないので、これも現地へ持っていきます。

——暑いところではどんな問題があるのでしょう。日本車はヒートアイランド現象の中で鍛えられているから砂漠でも平気だと聞きます。エアコンの性能も含めて。

前田　実は先代のときに、チリチリに暑い状態からアイドルのまま何分で冷えるかとか実験室で試して自信満々で中東に持っていったら、これじゃ駄目だと言われてしまいました。冷風を喉元に当ててほしいと。現地で現地の人が使っている環境だと、その意味が分かるんです。

栗田　アフリカだと車体にUNと書いて奥地のほうまで分け入っていく使われかたをされます。するとコモンレールみたいな精密機械を持ってこられても、いざ壊れたとき整備できないと言われる。メカポン（筆者註：電子制御しない純機械式の噴射ポンプ）のやつを下さいと真面目に訴えられるんです。

――どうするんでしょうか。

栗田　メカポンの、ターボも付かない5L型をその地域にだけ載せるんです。

――L型は70年代からある古いディーゼル。8代目が自慢の新しい2GD型ディーゼル直噴ユニットが余計なお世話になっちゃうのですね。そういう土地ではSCR触媒の尿素を注ぎ足すなんてことも難しそう。排ガス浄化システムも仕向地によって変える必要があるのでしょうね。

栗田　地域によって要求される規制値の違いに応じて選ぶのですが、それは燃料によっても左右されます。

——脱硫している軽油かどうかで浄化装置は変わってきますものね。

栗田　ですから規制が厳しくなったときは自分たちでその国の燃料成分を調べます。

——なるほど。お話に出たことはごく一部なのでしょうが、それでも気が遠くなりそうです。そうやって広義の堅牢性を少なくとも先代レベル以上に担保していくと。しかし、先代と同じでは買い替え需要を喚起できないのでは。

前田　前と同じでいいなら努力は要らないだろうと言われそうですが、この8代目は先代から数えて10年ほど。新興国といえども安全や排ガスや環境性能に関する規準が更新されていきます。それに適合させるためにも一から作り直す必要がありました。

栗田　ＧＤ型ユニットひとつ取っても、燃費のためにフリクション低減をやっている。ところが低フリクションだとエンジンブレーキも減ります。下り坂でエンブレが効かないと言われないように、吸気系を閉じる制御を組み込んだりしました。

——衝突要件もたいへんそうです。ハイラックスの車体は依然としてラダーフレーム形式を墨守していますね。

河野　一般材と言われる鋼板で作ったフレームです。あまり積載しない北米向けでは片側を閉じただけのオープン構造を採ることもありますが、これは両側を閉じます。そのフレームの上にゴムを介してキャビンを載せる形式です。

――衝突のエネルギーはフレームで受けるわけですよね。

河野　それが前提になります。曲がる。潰れる。突っ張る。この3つの要素を組み合わせて設計します。前端の一部は潰れて、その後ろは曲がってエネルギーを吸収し、さらに後ろは突っ張って生存空間を確保するという考えかたです。

――電脳支援シミュレーションやモデルベース開発など設計技法が進化した現代でも、この手の車輛はやはりフレーム形式じゃないと駄目なのでしょうか。

前田　車体に加わる入力に対して耐える能力を効率よく実現させるにはフレームが最もいいということです。モノコックでも不可能ではないのですが、過積載やトーイングなどの大負荷に耐えるためには、もっとずっと重くなってしまうでしょう。

――そうそうトーイング。牽引という要件がありましたね。日本だと法規制が面倒なので、やる人は少ないですが。

前田　アメリカなんかだと平気でタンドラに6ｔとか引っ張らせます。それも実用の範疇だという世界観がありますから。また、荷台を外したキャブ&シャシーという状態で販売することもあります。その上に冷凍庫などを架装して使うお客様もいる。

――普通や大型のトラックと一緒ですね。

前田　確かに開発技術は進歩していますが、そういう使いかただとするとフレームが最も効率のいい手法ということなのです。

――日本における乗用車の世界では思いもよらないそういう要求の中で生まれたハイラックスを日本市場に再び投入するわけですが、使用前提が彼我でかなり違っているように思いますけれど。

前田　実は今でも日本におけるハイラックス保有台数は9000ほどあるんです。日本では2004年以来その9000台は13年ぶりのフルモデルチェンジになりますから、かなり長く使われ続けていることになります。中にはワークで数十万km走っているお客様もいらっしゃる。

――それに対して、現代水準の安全性や環境性能を担保した新車を提供する義務があると。
前田　そしてグローバルで鍛え上げたタフさを備えた新車を、ですね。
――確かに代替車がないと9000人が困り果てるでしょう。他に選択肢は見当たりませんし。
前田　それだけでなく、マーケットの傾向が少し変わってきているということもあります。自動車がコモディティ化する中で、こういう独自の魅力があるクルマに興味を持たれる嗜好のかたがいらっしゃるようになってきた。
――確かに、内外問わず乗用車のニューモデルに匂うあざとさを忌避する人も存在しています。そういう人が道具性の強い機械の爽快感を選んでも不思議はない。だとすると、内外装デザインが乗用車的に寄ってきていることが仇になりませんか。
前田　実はピックアップ市場は、ちょうどハイラックスを日本で売らなくなった2004年あたりから急に伸びてきて倍近くになっています。それまでピックアップを新興国に投入していたのがウチといすゞさんと、あとは三菱さんが細々といった状態だったのですが、今ではフォードやGMが参入してきて、日産経由でルノーも来たしメルセデスも。熾烈な激戦区になっています。そんな中でVWがゴルフと見紛うような内装のアマロックを投入してきた。そこで流れができあがったんです。

――はっきりしたトレンド転換があったと。

前田　富裕層の特徴として、買い替えるのでなく増車するというパターンが多い。すると乗用車と取っ替え引っ替えになります。

――ピックアップに日常の異化を望むのではなく、乗用車と同じような気分で乗りたいと。

前田　我々はピックアップはピックアップらしくていいと考えていたんですが……。

――仰るとおりだと思います。

前田　ですのでワーク重視のグレードと作り分けることにしました。うちの車種の中でハイラックスはバリエーションの数ではナンバーワンなんです。

――工場を世界展開する中で、それはコストを押し上げる要因になるのでは。

前田　日本の販売台数目標は2000台ですが、グローバル全体でのハイラックスはかなりの数になりますから。

□新型ハイラックスを走らせてみた

試乗会場にトヨタ広報部が設定したのはオートキャンプ場だった。そういう場所であれば未舗装の空き地には事欠かないから、丸太や岩の乗り越えを体験する設えもできる。とはいっても、その敷地内は遠慮なく走り回るには狭いから、試乗は周辺の車線の狭い舗装道路で行うことになった——。

敷地内に停められた新型ハイラックスに近寄ってみる。

かなり立派な体躯だ。

渡されたスペック表を、あらためて眺めてみる。

全長5335㎜で、全幅は1855㎜。

日本の道路インフラ、しかも地方のそれだと少々持て余しかねないディメンションではある。ただしそれは、フォード・レンジャーやVWアマロックといった競合車とほぼ同じ。これがピックアップトラックにおける世界標準サイズなのだ。作り手はそう主張していた。

現実のほうに頭を切り替えてみる。確かにこの寸法は日本の道路や車庫などのインフラに対しては過大には違いないけれど、大きなSUVが跳梁跋扈する今日に生きるナマの感覚としては怖気づくような巨体とまでは感じない。都市部では住宅地の狭い生活道路にセレブ面したオバサンが心許ないハンドルさばきで動かすカイエンだのレンジローバーが行き交う。馬鹿馬鹿しいけれど、それがおれたちが棲む現代日本の標準となりつつあるのだ。

外観を眺める。

20世紀の終わりごろクライスラーを吸収するベンツは、その前年に送り出した初代W163系MLを送り出していた。そのMLは、初め北米工場生産のモデルが導入されて、あまりの駄作っぷりと生産精度のユルさにおれたちを驚かせたけれど、続いて導入された欧州生産のディーゼル版は設えが幾分か締まっていた。時が経って21世紀も3つ目のディケイド。例えばBMWは背高系ミニをマグナに開発から生産まで丸投げしているけれど、走りのタガは弛んでいても生産精度に目に見える遺漏はないように思える。本国以外の工場で作っているから品質が落ちるなんてことは今や昔話になりつつあるのだろう。ましてやトヨタの品質管理であれば遺漏があるはずもない。おまけに今回の再上陸にあたってトヨタは万全の態勢を敷いたようだ。前田チーフエンジニアによれば、日本で販売するにあたってタイ工場にそのための人員を20名ほど常駐させ、おまけに運ばれてきた個体は全て田原工場で完成品検査を受けているという。そこに関して日本のユーザーが欧米よりもずっと厳しいことを知り尽くしているトヨタが手抜かりをするはずがない。

運転席に乗り込む。

ダッシュまわりやドア内張りなどの設えは、高価な乗用車並みの風情とまではいかないが、それでも造形や加飾を凝らして商用車的な素っ気なさとは無縁だ。日産が往年のダットラの後継として北米市場に投入するナバラは、スカイライン・クロスオーバーあたりの乗用車ベースSUVからメーターやダッシュを移植してきたような賑々しさがあって違和感を拭えなかったが、比べてこちらは幾分か落ち着いた印象である。

いかにもトヨタ乗用車然とした意匠のメーターの設置角度と正対するように坐る。そのためには手動レバーで座面を持ち上げる必要があるのだが、これが尻のほうが多めに持ち上がる仕立てで、座面後傾角が足りなくなるからほどほどにしておいた。ヘッドクリアランスはさなきだに少なく、この状態でさえ頭の横へキャビンの野太いサイドレール部が迫る。オーストラリアにもハイラックスは出すのだから、もう少しキャビンの上下方向に余裕があったほうがいいのではと思った。往年のトラックや、それを下敷きにしたSUVが持っていた解放感はそこにはない。これもまた「乗用車的に」というトレンドのしからしむるところなのだろうか。

エンジンを始動する。

日本仕様ハイラックスの搭載エンジンは2.4ℓ直4ディーゼルのみとなる。トヨタ自慢の2GD－FTV型である。それは少なくともハイラックスという車輛を加速させる原動機として診れば遺漏のない仕上がりだった。ゴロゴロの低周波は目立たない。その一方でカラカラの中域は耳に届く。これでもかと遮音材をフロント隔壁まわりに投入したディーゼル乗用車ではなく、これは商用車。それを考えればまずまずといったところだろう。その手の高級ディーゼル乗用車のように、アイドルしたまま降りたとき車内と車外の音の大きさの懸隔に吃驚することもない。

走り出す。

加速性能は必要にして十分といった按配である。日本仕様ハイラックスZは車重2080kgに150psだから、古くからいわれる馬力荷重100ps／tの分水嶺を下回って「遅いクルマ」なのだが、最大トルク40・8kgmがものを言って、穏やかに転がすぶんには不満は覚えない。タイの八百屋さんのように過積載をしたときには、このトルクが生きてくるはずである。アイシン製の6段ATは、アイシン的な穏和で甘口の変速マナーだが、車輌とエンジンの性格ゆえに、それがさほど気に障らない。

乗り心地は正直言ってあまりよろしくない。

誤解している向きがあるといけないから贅言しておくけれど、所謂トラック系の乗り心地が悪いというのは無知から来る思い込みだ。例えばアシグルマとして乗られることが前提の北米向けなんぞは、その辺の自称プレミアムセダンが裸足で逃げ出すほど素敵だったりする。おれが体験した中では先代ＪＫ系ジープ・ラングラーが不動の一位で、少し前に大磯ロングビーチで日産に乗せてもらった北米仕様ナバラがそれに続く。

　なのだが、このハイラックスは北米向け乗用ピックアップならぬ過積載対応のヘビーデューティな車輛である。そこに的を絞った懸架機構だから、乗り心地の粗さは仕方ない。仕向地別の仕様で唯一、乗り心地を勘案したばね定数の設定だというタイ仕様のそれを、日本仕様に適用する手はなかったのかと試乗後に前田技師に訊ねたら、「日本でもハイラックスのお客様はヘビーデューティだからこそ買ってくださるので」というような返事を貰った。なるほど。タフネスを実地で要求するユーザーもいるのだろうし、苦い必要がない薬でも苦いほうが患者は効きそうだと喜ぶのと同じで、乗り心地が粗いことは却って本物感を生んでユーザーの喜びに転ずることもあるのだろう。顧客満足度というのは物理工学ではなくて心理学という文学領域だ。

　とはいうものの、路面からの入力が一発で収束せずフロアに分割振動が残るのがいただけない。別体フレーム式はそこは優秀なはずなのに。この会社は音振のトヨタとして知られている。可聴周波数域はもちろん、それ以下の車体が震える低周波にも敏感に対応してくる。

けれど振動の収束など人間がある種の雰囲気として感じ取るような現象に関しては、意外と抜かりがあったりする。ハイラックスもその一例なのか。それとも軽量化圧力とタフネスの狭間で、そこだけは目を瞑ったということなのか。

と首を傾げたところで思い返した。この手の商用車はフル積載いや過積載した状態に焦点を当てて仕上げられていることが多い。軽トラがそうだった。過積載のほうが音振も操安もまとまるのだ。ハイラックスもその可能性が濃い。というか、そもそも乗用車のときと同じようなメソッドと基準でこうして試乗検分をしているのがナンセンスなのだ。プロツールはプロが仕事の現場で使ったときに光ればいいのであって、自動車評論家風情がタワゴトを吐くのはナンセンス。軽トラはまだ日本専用だし、試乗のときはフル積載状態を再現したが、今この試乗会でそれをするわけにもいかない。お前ぇの出る幕じゃねえよとハイラックスに窘められているようだ。

そんな風に素っ気ない8代目125系ハイラックスだったけれど、乗っているあいだじゅう気分はよかった。素っ気ないほど媚びないクルマだったからだ。

今や、ＬＥＤの間接照明が場末のスナックみたいに照るベンツを筆頭に、四苦八苦して捻り出したオマケを自慢してプレミアムとイキッている自動車が多い。プレミアムとは本来は他人がそう評価したときの形容詞である。その言葉を自称しちゃうのは恥ずかしい行為なのだ。そういう物体に対して、どうにも嘔吐を催してしまうような真っ当な精神を持つ人が、このハイラックスを喜んでも不思議はないと思う。つまり前田チーフエンジニアの言うようなそれはクルマだったというわけなのだ。

もしもおれがピックアップトラックを乗用に使ってアメリカ流の粋を気どるなら日産ナバラを選ぶ。正規導入はされていないから並行輸入する。さらに酔狂に走るならば60年代のフォードＦシリーズをレストアするかもしれない。屋根付きでＳＵＶ的に日常使用するなら先代ＪＫ系ラングラーだ。けれども道具としてコキ使うならメンテナンスの容易性や遠慮なく使って擦り減らないタフネスが考慮に加わってくる。ならばハイラックスという選択はかなり悪くないと思った。

というよりも他に選択肢はないのだ。おれのような立場でなく実際に使っているユーザーのその切望を聞いてトヨタは別に売らなくてもよさそうなハイラックスを再導入したのだ。

日本に再上陸した8代目ハイラックスはコンスタントに年間6000台を売り、さらに2021年からは1万台レベルで販売が推移している。素敵なことである。

（FMO・2018年2月13日号）

知られざる槍手

自動車の歴史を、人工衛星から地球を眺めるように俯瞰してみると、その目にまず見えてくるのは会社を興した代表者の名前だ。法人の名前そのものが創設者の姓というケースは洋の東西を問わず多い。シトロエンやフォードやフェラーリやトヨタなど半分以上がそうだし、20世紀前半あたりまで遡ると大半がそちらで、日産（日本産業）やフィアット（Fabbrica Italiana Automobili Torino＝トリノのイタリア自動車製造）などいかにも企業体という名前のほうが少ないのだ。

そのためか会社の自動車づくりにおける手柄が創設者に帰せられることが少なくない。だが創設者が技術の礎を作った場合でも、黎明期の自動車技術は文字どおり全速前進の日進月歩であり、少し前には尖鋭だったテクノロジーがあっという間に時代遅れになったから、彼らは第一線の技術者として通用し続けることはなく、現場から退いて会社の看板として振る舞うとか経営者に専念するかして生き長らえるしかなかった。近代的産業としての自動車を産み落としたカール・ベンツやゴットリープ・ダイムラー両名にしてからがその典型であり、20世紀に入るころ彼らの会社は出資者が動かすそれとなっていた。そして製品を革新していく技術は現場で技術開発をする無名の者たちが創り上げるようになった。

現場で働く人間への共感を多くの国民が持つ日本では、そうした無名の者たちに光が当てられることは少なくない。しかし、階級制度の名残が濃くて、また企業といえど家父長的だったり封建的だったりした20世紀のヨーロッパでは、あらゆる栄誉が、実際にそれを生み出した者ではなく、会社の代表者の名前を以て語られるケースが大半であった。これにジャーナリストを自称する者たちが加担した。彼らは名声と地位のある代表者にインタビューして自らの業界内ポジションを嵩上げしようとした。俺はあのカリスマ社長とサシで取材をしたと誇りたかったのだ。典型的な売名根性である。欧米のジャーナリズムは、目の前に真の創造者がいたというのに見過ごして、社長が語る宣伝広報用に改変された空虚なお話ばかりコピー&ペーストしてきた。だが、ミウラやカウンタックはフェルッチオ・ランボルギーニが生み出した自動車ではないし、365GT/4BBの開発者はエンツォ・フェラーリではないし、マングスタを設計したのはアレッサンドロ・デ・トマゾではない。では誰なのか。それを知りたくて15年前におれは二度イタリアに渡ったのだった。

しかし、同じイタリアの自動車メーカーで、こちらの調べの届かない会社があった。アルファロメオではない。1930年代の時点で早くも国家管理企業となっていたその会社の場合は、戦前にはヴィットリオ・ヤーノやヴィフレド・リカルトであったり、戦後にはオラツィオ・サッタ・プリーガといった技術の推進者の名が恭しく挙げられることが多い。しかしランチアはそうではない——。

2013年にフィアット・クライスラー連合の中でイタリア国内専用ブランドに格下げとなったランチアは、その連合がさらに仏PSAグループと経営を統合したときにこれを存続する判断が下り、24年度以降に戦線を拡大してニューモデルを続々と市場投入するとの宣言も出された。ただし、それら車輌はBEV（電池駆動電動車）になるとのことで、ランチアとしての独自性は専ら意匠に拠ることになりそうである。

ということは10年代から状況はちっとも好転していないのだ。ランチアは視覚イメージだのマーケティング戦略なんぞでプレゼンスを示すような薄っぺらいメーカーではなかった。その反対だ。往時の彼らは技術主導型メーカーの雄として天下に鳴り響いていたのだ。ランチアは戦前に狭角V型エンジンやセミモノコック構造車体などを勇躍採用していた。戦後に至っても幾多の革新技術を満載した名作アウレリアを生み出して、FWD化に舵を切った60年代以降にも特異なテクノロジーで存在感を示し、さらにはフィアットに身を屈した70年代以降も暫くはエンジニアリングの独自性を担保して光を放っていた。

なのに、輝いていたそのころのランチアの話が日本のメディアで語られることは稀だ。偶にあってもデルタHFインテグフーレを懐かしむ記事くらい。いくらなんでもそれは残念。本書だけでも腰を据えてランチアの眩しかった昔日を振り返ってみようと思う。

Lanciaというイタリア語の源はLanceaというラテン語であり、どちらも槍を意味している。ランチアのエンブレムは、社名の6文字を抜染した旗が槍によって掲げられる図案だが、これはその語源を勘案したのだろう。そして社名ランチアは、冒頭部分に挙げた通例に漏れず、創設者の姓をそのまま用いたものだった。それはヴィンチェンツォ・ランチアが興したヴィンチェンツォ・ランチアの会社として始まったのだ。

遺された資料から辿ることができる創業者ヴィンチェンツォの最も古い先祖は、祖父にあたる1758年生まれのヴィンチェンツォ・ランチアである。彼が儲けた8子のうち四男のジュゼッペが大立者になった。彼はアルゼンチンに渡って畜肉の仕事に就く傍らで、当時のニューテクノロジーである肉を缶詰にする技法を習得し、1850年代に入ったばかりのころにこれを故郷サルディニアに持ち帰って食料品会社を興す。するとその直後にクリミア戦争が勃発してサルディニア王国も参戦。この戦争に従軍した兵力は両陣営を合わせて300万人を超す。その膨大な数の兵隊の腹を満たすのに発明されたばかりの缶詰はレーション（従軍糧食）として恰好のものだった。こうしてジュゼッペの事業は大当たりし、彼は王国の首都トリノにおいて人も羨む財産家になったのだった。

そしてジュゼッペは、イタリアがサルディニア王ヴィットーリオ・エマヌエーレ2世のもと統一を成し遂げたのを見届けたあと5子を儲けることになる。そのうち3番目に生まれた次男が創業者ヴィンチェンツォである。

口伝によれば、次男ヴィンチェンツォは活発で何事にも積極的だったという。子供たちはアルプスの南西麓に抱かれるフォベッロ——一族ゆかりの地であった——にあった農場で生まれ育ったのだが、彼は田舎に収まるを良しとせず、トリノ市内の食料品社屋のほうに起居し、そしてランチア家の所有地に間借りしていた機器工房へ入り浸っていた。

その工房は、時計技師の子ジョヴァンニ・チェイラーノが1888年設立したもので、1800年代中盤に発明された画期的な個の移動ツールすなわち自転車を作っていた。馬と違って人間が容易に手にできるようになったスピードと、それを構成するメカニズムに魅せられたランチア家の次男坊は、いつの間にかそこで仕事を手伝うようになっていた。

すると、フランスではプジョーに起きた転換が、ほどなくチェイラーノ社にも発生した。ドイツにおける自動車の発明が伝えられて、これに即応してジョヴァンニ・バッティスタを筆頭とするチェイラーノの息子たちが1898年にそちらを志してチェイラーノGB&Co.を創設したのだ。

自動車会社チェイラーノは、ガスエンジン時代からの技術者でガソリン4サイクル内燃機の改良策でも特許を取得していたアリスティーデ・ファッチオーリに依頼して水平置き直列2気筒エンジンを開発して実働に漕ぎつけた。だが、そのとき従業員50人ばかりだった一介の自転車工房に、これを熟成させて量産化するまでの満足な資金的人的リソースはない。そこで彼らはトリノの貴族階級や資本家たちに渡りをつけて出資を募った。

これに応えたのが、代々トリノ県ヴィッラール・ペローザの町長を務めていた大地主の跡取りジョヴァンニ・アニェッリだった。アニェッリは、エマヌエーレ・カチェラーノ・ディ・ブリチェラージオ伯やロベルト・ビスカレッティ・ディ・ルッフィア伯らトリノの貴族たちを説得して出資してもらい、1899年7月11日にフィアット（Fabbrica Italiana Automobili Torino）が創設された。とはいえ、金があって会社の体制ができあがっただけでは自動車は作れない。だがアニェッリには腹案があった。地元トリノで有望な自動車の試作に成功したチェイラーノを工房や人材を含めて丸ごと買収するという手である。

こうしてチェイラーノは対価3万リラでフィアットの技術中核に飲み込まれ、件のファッチオーリ技師は同社初のチーフエンジニアとなって、同年11月には早くもフィアット第1号車3½HPを完成させるのである。

そして、チェイラーノ従業員からフィアット従業員に身分が変わった50人の中に、ヴィンチェンツォ・ランチアもいた。まだ17歳だった彼は職工として新生フィアット技術陣に加わったのだが、生来の行動的な性質を買われて開発車輛の実走テストの仕事を請け負ううちに、フィアットが参加する自動車競技のドライバーを務めるようになっていく。そしてワークスドライバーとして、1900年7月にパドヴァで開催された220㎞耐久レースでの優勝を皮切りに、1907年のタルガ・フローリオにおける総合2位と最速ラップなど誇るに足る戦績――エンツォ・フェラーリのレーサー時代への記述のような後世における過剰なレジェンド化による針小棒大とは違う――を残しているのだ。

ところで、20世紀前半までの自動車レース史には有閑階級の嫡男でない息子たちがレーシングドライバーとして数多く名を遺している。こうした息子たちには金も地位もある。けれど家督を継ぐのは嫡男で、自分はその補欠として部屋住みの身だ。本邦では古典落語の『三味線栗毛』でも描かれた彼らの自我の在りよう――何の不自由もないけれど生きるのに飽いてしまう――そのものが、スピードとスリルとひとときの栄光を得るべくリスクだらけの黎明期の自動車レースに引き寄せられる理由だったのだろう。彼らは死に場所を探していたのだ。だが、ランチア家はヴィンチェンツォの父であるジュゼッペの代で財を成した新興であり、メンタリティは有閑階級のそれではなく、自ら運命を切り拓く挑戦者のそれだった。ヴィンチェンツォは一介の競技ドライバーに留まるに飽き足らず、実家の資産から5万リラを供与してもらって1906年11月27日に自動車会社ランチア（Lancia & C. Fabbrica Automobili）を興すのである。翌年に既述したタルガでの戦績が残っているのを見れば分かるように、初めはフィアットに所属しながらの起業であった。

ヴィンチェンツォは長兄ジョヴァンニを引き込んで経営管理を担当してもらった。血族に信を寄せる経営方針はそのまま維持され、のちには自分の息子たちだけでなくジョヴァンニの子たちもランチア社で働くことになる。例えばジョヴァンニの三男マッシモは十代のうちからランチアの生産設備で仕事をしたが、エンリコ・ナルディという名の友人を一緒に引き込んだ。ちなみに、独立心溢れるマッシモは血族の会社というぬるま湯に浸ることを良しとせず、ナルディとともにマセラティに移る野心を抱いていたのだが、それは現実にはならずに終わった。持ち前のチャレンジ精神からマッシモは飛行機乗りにもなりたがっていたのだが、その初飛行で墜落死してしまったのである。

だが、ヴィンチェンツォの子の世代で最も重要なのは、やはり彼が儲けた唯一の男児ジョヴァンニだろう。ムッソリーニ体制のもとイタリアは第二次大戦に向けて日独伊防共協定を1937年11月に結んで枢軸国が形成される。その前の2月15日に、創業者ヴィンチェンツォは心臓発作によって55歳の短い生涯を終えてしまう。このときジャンニの愛称で呼ばれていた嫡子ジョヴァンニは僅か12歳。彼はのちにピサ大学で機械工学を修めて第二次大戦後に正式に社長の座に就くのだが、それまではヴィンチェンツォの妻アデーレが形式的に代表取締役に就いて同族経営の形が維持されたのであった。

先を急ぎすぎた。第二次大戦までにランチアの実績を早足に語っておこう。

ランチア社としての第1号車は、創立翌年の1907年の秋に実走テストを完了して、翌1908年1月のトリノ・ショーで発表されて生産に入った12HPである。サイドバルブ式の2.5ℓ直4をフロントに積むこの車輌は、のちにアルファと商品名がつけられて、現在に至るギリシャ文字の読みを用いたランチアのモデル命名法の劈頭を飾ることになる。

その1908年にランチアは上位機種18/24HP（のちの車名はディアルファ）を追加する。これは12HPの直4の気筒設計をそのまま使って直6に拡大したものだった。

ちなみに、この直6を史上初とする蒙昧無責任なランチア関係の書き物は多いが、史上初の市販直6は1902年製造のスパイカー（オランダ）とガスモービル（米）である。その後1904年にイギリスでネイピアとロールス・ロイスが続いて量産の目処が立った。

直列6気筒は、単に直4のシリンダー数を5割増しにすればいいわけではなく、長くなって剛性が落ちるクランクシャフトのねじり振動が障壁となって世界中のメーカーが難儀していた。単気筒→V型2気筒→直列2気筒→水平対向2気筒→V型4気筒→直列4気筒と進化してきたオットーサイクル4ストロークエンジンは、1901年にV8へ一足飛びして、さらに同じ6気筒でも水平対向にも先を越されて——ともにクランクは直6よりもずっと短い——その後に漸く直6が実用化されるのである。

話をランチアに戻そう。一方で直4車は、15／20HP＝後名ベータ（1909年）、20HP＝後名ガンマ（1910年）、20／30HP＝後名デルタ（1911年）、25／35HP＝後名シータ（1913年）、カッパ（1919年）と矢継ぎ早に進歩していく。その傍らで、やや小型の20／30HP＝イプシロン（1911年）や30／50HP＝イータ（1911年）、さらに小型で廉価な12／15HP＝ゼータ（1912年）やカッパのスポーティ版であるディカッパ（1921年）が追加されていく。その傍らで、ディアルファ直6は後継がなく廃絶になった。やはり当時の技術では直6は冒険に過ぎたのだろうか。

言い添えれば、ランチアは1910年代に商用車や軍用車の製造も始めている。その尖兵となったのは陸軍から発注された装甲車1Z型（1912年）で、これはシータと共有部分の多い、いわば兄弟車だった。また陸軍は第一次世界大戦さなかの1915年に輜重トラックも発注していて、同じくシータ派生で仕立てられたそれはイオタ（Jota）と命名された。戦後までしか目が届かないイタリア車ファンにとってイオタはミウラの改造車なのだろうが、筋金入りのマニアであればイオタはランチアのトラック初作なのだ。

このあたりの、つまり1920年代に差しかかるまでのランチアは、国政との繋がりを利用して軍産複合体の面も備えつつ巨大化していくフィアットに対して、地元のオルタナティブとしての立ち位置を確保するにすぎなかった。だが20年代になってこの会社は前衛的なエンジニアリングを掲げて尖鋭に転じるのである。

ランチアは1922年10月のパリ・サロンでラムダと名づけた新型車を公開した。

ラムダには旧来の保守的なクルマづくりから大きく跳躍した設計が随所に盛り込まれていた。まずはエンジン。それは直4ではなくV型4気筒であった。V4はこれが史上初なのではなく、1897年の時点でフランスのモール社においてシャルル＝アンリ・ブラジエ技師がグランプリ用にこれを実現していた。ただし、それはバンク角が45度のものだった。かたやランチアのV4のバンク角は13度（のちに14度を経て13度40分に微変）であり狭角だ。それは偶数気筒と奇数気筒を左右に僅かに開くことで、エンジン全幅を通常のV型ほどには肥大させずにおきつつ、エンジン全長を縮めることを狙ったパッケージ効率指向のレイアウトであった。また、その動弁系は旧弊なサイドバルブ式でなくOHVですらなく、カムシャフトをヘッド内に収めたSOHC。しかも、1本のカムから左右にロッカーアームを伸ばして弁駆動を行っていた。通常のV型であればヘッドはバンク毎ひとつずつになり、SOHCであればカムは2本となる。あくまでランチアは直4の変形版としてこれを考えていたわけだ。1990年代にVWが送り出したVR系ユニットと同じ発想と言える。

シャシー面でも革新があった。それまで応力担体として使っていた馬車以来の梯子型鋼管フレームに代えて、ラムダは鋼板溶接構造のそれを採用していた。これを以て、浅薄な薀蓄だけが得意な書き手は印刷物でもネット上でもラムダは自動車史上初のモノコックだと大騒ぎしているが、それはまったくもって正しくないのだ。

聞いたまま写すのでなく自分の目で構造を視るならば、ラムダのそれが、航空機の世界で仏ドゥペルデュサンのルイ・ベシュロー技師が手がけた速度記録機や、独ユンカースのオットー・マーダー技師とオットー・ロイター技師が1915年に実験試作したJ1機のような、文字どおり外皮（前者は全木製で後者は全鋼製）が応力を担う単殻構造ではないことが知れるだろう。ユンカースのマーダー技師はJ1での試行をもとに、ジュラルミン管で組んだトラス構造の上に、同じくジュラルミン製の波板を外皮として張り込んで応力を担わせるセミモノコック構造の攻撃機J4へと発展させるが、ラムダの応力構造はそれでもない。

ラムダの応力構造は、左右を走る大断面サイドシルのあいだを床面で繋ぐもので、1950年代にフレーム式からセミモノコック構造に移行する過渡期に登場した鋼板溶接構造プラットフォーム型応力担体に近い。フロント隔壁やリアセクションで、プラットフォームの側面が立ち上がって左右を繋いでいるから、そこに着目すれば3次元構造だとはいえ、現代的な視点での単殻構造には程遠い。

しかも、アメリカ合衆国のコーネリアンが同じような構造で1915年のインディ500用に単座マシンを製作しているから、その類の構造においても自動車史上初とは言えぬ。

一説に、この構造は船体のそれをヒントにしたといわれる。確かにラムダの応力構造は舟形だ。それゆえバスタブ型応力担体と表現したほうが精確だと思う。皆さんが容易に思い浮かべることができる車輛としては、ミウラのそれが一番近いだろう。そういう過渡的な応力構造の嚆矢として讃えたほうが的確な技術ではある。

とはいえ、梯子型に組んだ野太い鋼管でなく平らな鋼板製フロアの上にキャビンを設置するラムダは、軽量高剛性のみならず重心高の低減の面で大いに利得があり、シャシー性能の面において多大な躍進を成し遂げることになったことは確かであった。

ラムダはまた前輪の独立懸架を備えていた。それまでの前輪懸架機構といえば左右輪をチューブで繋いでこれを縦置きの板ばねで支持する、あるいは上下に横置きした板ばねで左右輪をそのまま支えてしまう車軸懸架方式だった。ここで初めて自動車は前輪を個別に懸架するサスペンションを得たのだ。ちなみに、その懸架方法はスライディングピラー式と呼ばれるもの。ダンパーを兼ねた二重筒の外筒を車体が保持し、上下に動く内筒のほうにアップライトを固定するそれは懸架方式。スライディングピラー式は、ロール時に対地キャンバーが崩れるとか、横力を受けたときに内外筒が滑らかに作動しなくなるとか、同じ理由でキャンバー角が設定できないなどの多重の宿痾があって、現代ではモーガンが唯一これを頑なに用い続けて孤塁を守るが、死滅したも同然の旧弊な機構である。しかし、タイヤのグリップも脆弱だった往時としては、左右を個別に懸架する利得は甚大であり、画期的なサスペンション形式ではあった。

革新的な商品は、実質的メリットを伴っていたとしても、ときに商業的な失敗に帰することがある。大衆は保守的と相場は決まっているからだ。しかし20年代のヨーロッパにおいて自動車の顧客は富裕層だった。先進を受け入れることができる彼らに評価されてラムダは商業的にも成功した。シリーズ9まで改良を施しつつ総計1万3000台余りが販売されて、1931年まで生き長らえたのである。そしてランチアは同工の設計で、アウグスタからアルデアに至る小型モデルや、アルテナを経てアプリリアに至る後継車を送り出して、独自のプレゼンスを世界中に認められるようになったのだった。

ラムダにおけるこうした革新のエンジニアリングについては、大半の記事がヴィンチェンツォ・ランチアの発案としている。けれど、正規の物理工学教育を受けていなかった彼がそれを成し得たと、書き手は筆を止めて考えなかったのだろうか。件の車体構造にしても、造船工場を見学してヒントは得られたとしても、鋼の物性への知見や応力計算がそれなりにできなければ量産市販車への投入はできなかったはずだ。それ以上に狭角V型4気筒という奇矯な設計は、たまさか閃いたとしてもエンジン技術を深く知悉する者でなければ実働機にまで持っていけなかったに違いない。それらを現場で開発した技術者がいて当然だとは考えなかったのだろうか。

そう。そういう人物がいたのだ。

狭角V型を設計したエンジン技術者としてはプリミティーヴォ・ロッコならびにアウグスト・カンタリーニという技術者の名が挙がっている。また車体やサスについては、トリノに生まれて機械のみならず電気についても正規の工学教育を受けて、空軍工廠を経て1920年

1月にランチア入りしたバッティスタ・ファルケットという技術者の功だ。ここからは彼について語ることにする。実は本稿のこれが真の主題なのだ——。

バッティスタ・ジュゼッペ・ファルケット（Battista Giuseppe Falchetto）は1896年4月1日に生を受けた。

1896年は、我が国では日清戦争を勝利して国中が沸いた翌年にあたる。日本の明治維新と並行するタイミングで悲願の統一を果たしたイタリアもまた昂揚期にあった。統一後の混沌は、1892年に首相となったジョヴァンニ・ジョリッティが中道的な自由主義を掲げて各派を鎮撫してとりあえず収まり、その傍らで外にはエチオピアを植民地とすべくアフリカ大陸に進出し、内においては急速に工業化した産業を軸に経済の著しい発展を見ることになった。

そんな昂揚の中心はトリノであった。イタリア統一はサルディニア王国を軸にして行われた。そのサルディニアの王ヴィットーリオ・エマヌエーレ2世が新生イタリア王国の君主となり、ピエモンテ地方を支配していたサルディニア王国の首都トリノが、そのまま独立したイタリアの首都となった。その後すぐ首都はローマに移遷するが、日の出の勢いで進展するイタリア工業の中心地はトリノであった。20世紀を迎えたころのトリノは、自動車会社ではご存じフィアットだけでなく、ディアットやイターラなど中小メーカーが群雄割拠し、それらが送り出す自動車の架装を行うカロッツェリアもピニンファリーナの前身スタビリメンティ・ファリーナを筆頭にアレッシオやチオッカなど多士済々だった。同じく勃興期にあった航空産業も、先進していたフランスからライセンスを買って技術導入する形でポミリオやSIT(Società Italiana Transaerea)などが操業していた。自動車クラブが国内で最初に発足したのもトリノであり、国内で初の自動車レースもトリノとその郊外のアスティを往復して行われた。そうした黎明期のレースで勝って華となったレーシングドライバーもまた地元トリノ出身のフェリーチェ・ナッザーロやアレッサンドロ・カーニョそしてヴィンチェンツォ・ランチアたちであった。

そういった土地のそういった空気の中でバッティスタ・ジュゼッペ・ファルケットは生まれ育った。

ファルケットは整備されたばかりの教育制度に促されて、光り輝く昇日の機械工業を目指す。初等教育を終えると、地元出身の物理学者アメデオ・アヴォガドロを讃えて設立された産業技術校に進むのである。数理や工学の基礎を教えるそこをファルケットは首席で卒業したという。

卒業した1911年9月にファルケットは高等教育を経て大学に進むのではなく、中卒で就職を選んだ。最初の職場はアンドリ&ベルトーラ（Andoli & Bertola）という水道会社だった。上下水道というインフラ整備に国家予算が投入される中で業績を伸ばしていたその会社に、彼は製図工として雇われて、遠心式の渦巻き水ポンプなど水道整備に不可欠となる機器の数値計算や図面描きに励んだ。けれども、そんな実務や、習った工学の基礎課程のみでは身を立てるに足りないと判断したのだろう。ファルケットはアンドリ&ベルトーラでの仕事を終えたあと、アレッサンドロ・ヴォルタの名を冠した夜学に通って電気工学の会得に精を出した。

とはいえ、そんな日々も3年で終わりが強いられてしまう。1916年12月のクリスマス明け26日、ファルケットに召集令状が来たのだ。ヨーロッパはそのとき第一次大戦の最中。

初め中立を表明していたイタリアは、三国同盟側のオーストリアから未統一の地域を回収する密約を英仏と取り交わして1915年の初夏から連合国側に立って参戦していた。どこも国を挙げての総力戦となったこの大戦において、イタリアもまた徴兵制度を敷いて若い男子は悉く戦場に送り込まれることになったのだった。

エンツォ・フェラーリが徴兵されたのも同じ年だったのだが、手に職もなかった故に陸軍の山岳歩兵師団に配属された彼と違って、技手としての教育もキャリアもあったファルケットは、トリノのミラフィオーリに在拠する航空大隊に技術部の製図工として配属された。これが彼の運命を変えることになった。

漫画でヘタレと嘲笑されているイタリア軍だが、空軍は由緒ある歴史を持つ。

航空工学に関して技術的に先行していたのは19世紀から20世紀初頭にかけて世界トップの技術大国だったフランスだった。その傍らでイタリア航空産業も、ファルマンやニューポールやSPADなどフランスの飛行機のライセンスを買って国内生産をするところから歩みを始めた。だが、空を飛ぶ機械を軍事運用するというコンセプトについてはイタリアは早かった。第一次大戦に先立つ１９１１年から１９１２年にかけてオスマン朝トルコと争った伊土戦争で、イタリアは史上初めて飛行船や飛行機を偵察のみならず爆撃を目的として戦場に投入したのである。続く第一次大戦では、かのフランチェスコ・バラッカが撃墜王として讃えられるなどイタリアの航空兵力は世界に存在感を示した。第二次大戦のときに利用された制空権というコンセプトも、このときの知見をもとにイタリアで生まれた発想である。

史実を追えば、正式にイタリアで陸軍や海軍から分離した空軍が設立されるのは１９２３年のことだが、第一次大戦さなかの１９１６年においてイタリアの航空部隊は時代を突き抜けた尖鋭であった。そこに若き技手バッティスタ・ジュゼッペ・ファルケットは配属されたのである。

ファルケットは技術者としての日々を詳細に記した日記を遺しているが、それによれば当時ミラフィオーリの航空大隊に配備されていた航空機は以下のような陣容であったという。

□アンザニ＝コードロンG.３（アンザニ空冷星型10気筒）

□ニューポール＝マッキ10（ル・ローン空冷星型ロータリー9気筒）
□ファルマン5B（フィアットA10型直6）
□SPAD S．Ⅶ（イスパノ・スイザ8A型V8）
□SPAD S．ⅩⅢ（イスパノ・スイザ8A型V8）
□サヴォイア＝ポミリオSP2（フィアットA12型直6）
□サヴォイア＝ポミリオSP3（フィアットA12型直6）
□サヴォイア＝ポミリオSP4（イソッタ・フラスキーニV．4B型直6）
□フィアットAS．1（フィアットA50型空冷星型7気筒）
□フィアットR．2（フィアットA12型直6）
□SIA 7B（フィアットA12型直6）
□SIA 9B（フィアットA14型V12）

SIAはSocietà Italiana Aviazioneの略称で、フィアットが設立した航空機部門の子会社だ。

これらは、もちろん木骨帆布張りの複葉機である。しかし、搭載したエンジンを見れば分かるように、原動機は高性能大馬力を目指して次のフェイズに進もうとしていたところだった。空冷星型はまだ単列だったけれど、水冷（液冷）は大排気量を目指して多気筒化に邁進し、ついにエンジン形式の王者V12まで実現し始めたところだった。

こういう最新鋭機を並べる部隊に技手として配属されたファルケットは、単なる整備保守に留まらず、技術開発の領域の仕事をこなした。大馬力によって起きるGの増加がもたらす潤滑不良に対してドライサンプ化を実験したり、エンジンの大型化がもたらす視界不良に対してのちにドイツ機が行う列型やV型エンジンの倒立搭載を試みたという。終戦後も暫く部隊に残された彼は、ポンプ技手時代に培った流体工学の知見を活かして、複数のポンプで混合気を圧送して連続燃焼させるエンジンすなわちターボジェットの原型のような試作も、図上検討に留まったようではあるが、確かに手がけている。

だが、大戦の終結とともに政府は軍縮を進め、そのためにファルケットも退役を余儀なくされてしまう。こうして無職となった彼の新たな雇用先が、地元トリノにおいて巨人フィアットに対するオルタナティブとして頭角を現していたランチアだった。1920年1月7日付を以てバッティスタ・ジュゼッペ・ファルケットはLancia & Co.の正社員として採用されるのである。

ファルケットに対して会社はいくつかの配属先を提示したが、彼が望んだのはもちろん技術職であった。

このときのランチア技術部門の陣容は、信に値する資料が乏しいのだが、様々な文献から拾い上げると、どうやら以下のようなものだったらしい。

□技術統括責任者　ロドルフォ・ゼッペーニョ（Rodolfo Zeppegno）
□エンジン開発担当者　プリミティーヴォ・ロッコ（Primitivo Rocco）
□エンジン開発担当者　アウグスト・カンタリーニ（Augusto Cantarini）
□生産部門責任者　パッシーニ（Passini）

□工場長　　　　ロッカ（Rocca）
□アセンブル責任者　　アリエイ（Allieyi）

こうした現場の技術者に対して、社主ヴィンチェンツォ・ランチアが実験開発ドライバーとしての知見から車輛開発の采配を振るう形である。

配属されたファルケットは、すぐ技術統括責任者ゼッペーニョに製図能力を注目されて、設計開発部門への異動を命じられる。１９２０年中盤のそのとき、当該部門ではラムダ開発が始まったところで、新顔ファルケットも即座にその仕事に投入される。

再び彼が遺した日記を参照すれば、基本コンセプト立案のための会議は１９２１年３月15日のことだったそうだ。その会議の席上でヴィンチェンツォは、今までにないエンジニアリング内容の新型車を開発したいと宣言した。これに応じてファルケットは、斬新な車体構造を提案した。舟のような応力構造を自動車に適用できないだろうかと発言したのだ。

ヴィンチェンツォはこれに意義と可能性を認めた。こうしてラムダ車体構造のプロジェクトがスタートするのである。

内外の書籍や記事では、ヴィンチェンツォ・ランチアの功績とされることが多いラムダの応力構造は、日記に記されたその一節によって、ファルケットの創案だったことが判明している。

といっても、学者の世界によくあるように、親分が子分の殊勲を強奪して自分の手柄にしたわけではない。ファルケットによれば、ヴィンチェンツォは正義と公正を重んじる深い人格の人であり、歳は15しか離れていないけれど父のような存在だったという。察するに、技術者たちと膝を交えて技術開発の模索をするとき、彼が指標を示して、技術者たちがソリューションを考えるという関係だったようだ。議論が行き詰まってしまうと、ヴィンチェンツォは「夜は知恵を運んできてくれる。続きはまた明日にしよう」が口癖だったという。そういう親愛と信頼に基づく関係だったから、新参のファルケットも臆せずアイデアを口にできたのだろうし、ヴィンチェンツォもそれを迷わず評価して掬い取ったのだ。

それだけでなく、同じコンセプト立案の会議で、ヴィンチェンツォは板ばねで吊る車軸懸架が常識のサスペンションを独立化できないかと下問した。レーシングドライバーや実験開発ドライバーの経験から、関連懸架の限界を彼は思い知っていたし、また直近には試乗中に板ばねが折損してあわや大惨事という状況に遭遇していた。こちらは具体性のあるテーマだった。

独立懸架化を果たしたいという社主のその要請に対して、ファルケットは「実はいくつか腹案の種は温めてあるのだが現実的な形にするまで数日ほど待ってほしい」と答えた。こうして猶予を貰いつつも彼は翌日に14ものアイデアを図案化してヴィンチェンツォに提示した。

その14の図案が今に遺されているのだが、それを見ると驚かずにはいられない。

幾つかはダブルウイッシュボーンの上または下のアームを横置き板ばねで兼用させるもので、これは同時期のレーシングカーでも見られたから感心には値しない。そのダブルウイッシュボーンを上下とも真っ当にアームとしておいて、そのアームを同軸にコイルを巻いた筒型ダンパーで受けるという教科書的な形態も示されている。

しかも、その発展型まで案出されていて、それが凄い。左右両方のロワーアームのボディ側末端を上に向かって伸ばしてアームをL字型に成型し、両側の伸ばした突起で、ひとつのコイル／ダンパー・ユニットを押し引きする形を発案しているのだ。このレイアウトだと、コイル／ダンパー・ユニットはピッチングやバウンシングといった同位相ストロークに対しては、それに抗するコンペンセイターとして機能するけれど、ロールという逆位相ストロークには働いてくれない。だから実車に適用するには別にスタビライザー——トーションバーを用いたものを1919年にカナダの発明家スティーヴン・レオナルド・チョーンシー・コールマン技師が発明して特許を取得している——が必要だ。しかし、もしそれを適用したら同位相ストロークと逆位相ストロークを別々に制御できるサスペンションができあがる。考えてみれば、ウイッシュボーンの端から上に向かって伸びた部分は別の言いかたをすればプッシュロッドであり、コイル／ダンパーはインボード配置という呼称になる。1989年にF1においてハーベイ・ポスルスウェイトがティレル018で採用して、以降現代まで使われているモノダンパーの原初形態をファルケットは創案していたのだ。

他にもフルトレーリングアーム式が描かれているし、そのフルトレのアームを根元の揺動軸に螺旋状に巻いたゼンマイ式ばねで緩衝する案もある。

ファルケットのそんな14案の中から選ばれたのは、スライディングピラー形式——コイルを巻いたダンパーの外筒を車体に固定してアップライトを取り付けた内筒を上下させる――だった。キャビンや荷室への侵良が最も少ないという観点からの選択だった。スライディングピラー形式は１８９８年に仏ドコーヴィル社が初めて実用化したとされているが、その利点を存分に生かした使い方をしたのはバッティスタ・ジュゼッペ・ファルケットだ。

ファルケットは、そのスライディングピラー形式の実用化に向けてテストを繰り返した。二重筒型の所謂テレスコピック式ダンパーは、シボレーのC．L．ホロックが１９０１年に発明して特許も取っていたから既知のソリューションではあったが、不整地を強行突破する走行テストでは内封したフルードが、未だ素朴だったシールから盛大に漏れて４００㎞毎に注ぎ足さなくてはならなかった。これに対してファルケットは、上下にシールの舌先の上に空洞を設けた箱型のものを発案。シールをすり抜けたフルードを空洞に溜めておいて、繰り返される上下ストロークの際に自然に戻す狙いであった。

そんな懸架機構の新案とともにファルケットは自ら提案した応力構造の設計も進めた。今の視点で彼の頭脳の素晴らしさにあらためて感銘を受けるのは、独立懸架と車体剛性との関連をきちんと認識した上でこれを進めていたことである。

スライディングピラー形式では、ダンパー外筒は上端と下端それぞれが車体から伸ばした鋼管で支持される。その支持鋼管は車体の下部と上部からそれぞれ伸びる。ということはタイヤに加わる横力は、スラディングピラーを形成するダンパーから支持鋼管を経由して、車体を歪ませる応力として働く。これがフロア部に渡した板ばねでアクスルを懸架する従来の方式であれば、フロアが然るべき剛性を担保していれば、とりあえず機能してくれる。しかしスライディングピラー式に独立懸架すると車体に3次元の剛性が必要になってくるのだ。

そういう開発要件をきっちり認識しながらファルケットは長い2.0㎜厚の鋼板――それを供給できたのは高圧プレスマシンを持つフィアット製鋼部門だけだったという――を車体サイドパネルとして使い、ダッシュボードや前後シートバックを形成する横断部材を溶接とリベット止めを併用して箱型に繋げたラムダの応力構造を創り上げていった。どうやら当初はリアにも独立懸架をと模索していたようだが、駆動系との兼ね合いや荷室容積への影響から回避されて、フロントのみの採用となったらしいが、これによって嵩上げが必要になったフロントセクションのねじり剛性は、ダッシュボード部に横断メンバーを追加することで対処した。ただ単に船の真似をするのでなく、自動車の車体に求められる技術要件をファルケットは明確に認識していたのである。

その点に関して、もっと驚くことがある。ファルケットはラムダの応力担体について、ねじり剛性を数値化していたのだ。記録によれば、それは1度ねじり変形させるのに125kgmのねじり応力を要したと明記されている。ホイールベース間のそれなのかは不明だが、近代において技術解説で使われるようになったねじり剛性の数値化を、彼は1920年代の時点で示していたのである。

ところで、これまたラムダにおける革新技術のひとつとして注目される狭角V型4気筒は、ファルケットが生みの親ではない。それはエンジン開発を担当していたロッコとカンタリーニの両技師の手になるものである。

そもそもランチアの狭角V型エンジンの技術は1910年代に完成していた。

それは、イタリアにおいては軍産複合体の道を突き進むフィアットを筆頭に、イソッタ・フラスキーニが続く状態だった航空機エンジンの世界にランチアが割り込もうと考えたときに生まれた設計だった。機体前端にエンジンを突き出してプロペラを廻すレシプロ機において、そのエンジンの前面投影面積は性能を大きく左右する要衝になる。直列エンジンの上限が6気筒と衆目が一致してきて、さらなる馬力を大排気量に求めたときV型が必須になっていったわけだが、V型になると前面投影面積が一気に増大する。その瑕疵を目減りさせるべく、ランチアはバンク角を狭めようとしたのだ。

手始めに彼らが試行したのは創業して間もない1910年代のことで、とりあえずの対象は排気量1.7ℓの小さなV8だった。

4サイクルが完了するクランク回転720度に対して気筒数は8だから、720÷8＝90で、バンク角は90度に取るのが常道の設計である。これに対して彼らはバンク角を60度に狭めた。減らした30度ぶん、そのV8は不等間隔着火になる。これによって振動問題が発生するのを嫌って、クランクピンの設計に手が加えられた。V型では対向する気筒のコンロッドが、ひとつのクランクピンを共用するサイドバイサイド設計が常道だが、これを分離して30度ずらす。それにはウェブを増設する必要が生じるけれど、着火は等間隔に戻る。

この狭角バンク＋オフセットピン式クランクの設計をランチアは1915年に申請してイ

タリア特許149301号を取得している。
言い添えれば、原初は直4と同じ180度位相のシングルプレーン式クランクだったV8に、中間の4気筒のピン位置をずらした90度位相のダブルプレーン式が登場するのは、理論では1922年の東大航空研所長の中西不二夫で、実働機では1923年のキャデラックと翌年のピアレスだ。クランクピン位置を変えるという発想においてだけでも、ランチアは遥かに先行していたわけだ。

そして彼らは次なる大排気量多気筒ユニットとしてV12に挑戦する。1917年に初めて着手した24ℓと32ℓのそれは、常道のバンク角60度に対して8度ほど狭めた52度としていた。ただし、クランクピンはサイドバイサイドでオフセットしていない。一次も二次も完全バランスする直列6気筒をふたつ組み合わせたのがV12だから、8度という小さな逸脱は無視できると考えたのかもしれない。だが翌1918年に彼らはV12のバンク角を30度まで狭めて、これにV8で創案した30度オフセットのクランクピン設計を適用した。

１９１９年には、もっと奇矯な設計を彼らは試す。

まず相互角をさらに20度にまで縮小した。ただし、この場合のバンク角は、対向する気筒どうしの相互角を意味する通常のそれではなく、対向する気筒の片側が上死点を迎えた場合のピストンピン位置と、少し下がったところに来るもう片方のピストンピンがクランクセンターに対して形成する角度を示す。こうすると、対向する気筒は20度よりも少し狭い相互角となり、エンジン前面投影面積は普通の20度バンクよりも減る。ちなみに、右記のピストンピンで見た相互角20度で等間隔着火を実現すべくクランクピンオフセットは40度に取る。この摩訶不思議な設計でランチアはイタリア国内特許１７９１６３号を取得した。

こうした先行技術開発の成果を踏まえて、ランチア社は１９１９年のパリ・サロンで30度バンク＋30度オフセットピンのＶ12を展示。さらに１９２２年に投入した新型車トリカッパに積んだ68型４５９４ccＶ８で、14度バンク＋76度オフセットピンを本業の自動車で市販投入する。トリカッパは、前年に発表した高級車ディカッパと同等の車幅だった。5.0ℓ直４に代えて4.6ℓＶ８をそこに収めるにあたって、エンジン全幅の切り詰めは搭載上の大前提であった。

そして、その狭角V8を半分に割った形でラムダ用の2.1ℓV4が誕生したのだった。ただしバンク角の選定には迷ったようで、ラムダ初期型は13度だったが、中期型では14度になり、後期型では13度40分という半端な数字になっている。

ちなみに、ランチアの狭角V型には裏ドラも乗っていた。1900年代におけるエンジンの燃焼室は、吸気ポートに向かって煙突が伸びたような凸形で、その煙突の脇に点火プラグと吸排気弁が位置するというサイドバルブ式レイアウト。気筒に対して真横に寝かせて弁が置かれるのだから、その弁を駆動するカムシャフトは、ブロック脇に埋めておいてプッシュロッドかロッカーアームを介するのが通例だった。ところが1910年代になると欠点だらけのこの燃焼室がバスタブ型を経て半球型といった理に適うものに進化していく。そんな燃焼室を実現するには吸排気弁は頭上配置（OHV）が必須となる。この頭上弁を駆動するには、ブロック脇カムならプッシュロッドにロッカーアームを重畳させた機構が要り、その面倒臭さと剛性低下による運動精確度リスクを厭って、カムシャフトの頭上配置（OHC）が生まれてくるのである。

ランチアの場合は、1908年の初作12HP=アルファから1919年登場のカッパまでサイドバルブの直4を用い続けてきていた（1908年の18／24HP=ディアルファの直6はアルファ直4の拡大版）。前出の航空機用試作V12も初めはサイドバルブだった。

直6をふたつ組み合わせたのがV12なのだから、サイドバルブの駆動はブロック両脇に埋めたそれぞれのカムシャフトで行うのが素直な発想だ。しかしランチアは違った。バンク間に1本だけカムシャフトを配置し、そのカム山でロッカーアームを介しつつ吸排気弁を駆動していた。ヘッドまわりの肥大を抑えつつ高価なカムシャフトも1本で済むというエレガントな設計である。それはまた60度や90度といった大きなバンク角では実現できない狭角Vならではのレイアウトであった。

ディカッパの5.0ℓ直4のときに彼らは漸くサイドバルブを脱してOHVに移行するのだが、1年遅れて登場したラムダV4は、バンク間にカムを置く件のエレガントな設計にOHCが適用された。以降、近代1960年代のフルヴィア用V4に至るまで、ランチアは狭角V型を伝家の宝刀とすることになるのだが、それはV配置でエンジン全長を縮めつつ、ヘッドは直列のそれに近い大きさで収めるという、言ってみればV型と直列の折衷的なコンセプトであったように思う。

ラムダ開発に話を戻そう。1921年9月1日にはグラッコ・サッキ（Gracco Sacchi）率いる先行開発部がテスト用の実験車輛を作り上げた。量産型ラムダと違って、応力外皮構造が筒型をしていて、前ドアの切欠きもないそれを筆頭テストドライバーのヴィジン・ジスモンディ（Vigin Gismondi）が走らせて不具合を洗い出した。その初回テストにはエルネスト・ゾルゾーリ（Ernesto Zorzoli）やマンリオ・グラッコ（Manlio Gracco）といった技術者の主軸に混ざって当然ながらファルケットも参加し、ヴィンチェンツォ・ランチアも臨席した。ヴィンチェンツォは実験走行テストまで漕ぎ着けた祝いに、食事を面々に振る舞い、そのあとボウリング大会をして楽しんだという逸話が残っている。

とはいえ、あれこれ新技術を投入した試作車が、最初から恙なく走るわけがない。これも新たに採用された全輪ブレーキ機構――それまでのランチア車は黎明期の自動車の通例で後輪制動のみだった――はシャシー面での進歩を反映して100㎞／hを楽に超えるまでに上がった到達速度に対して適切な措置であったが、φ300㎜の大型ドラムブレーキに対してフェロード社が供給した強化ライニングに不具合が出たし、前後ブレーキの整合にも試行錯誤が必要で、ファルケットはその仕事にも駆り出された。速度上昇はトランスミッションへの負荷も増やし、やはり故障が出た。

こうした実験試作車から市販型へ移行していく過程で、ラムダはいまひとつの特徴を獲得した。ラムダはフロント隔壁より前のエンジンコンパートメント部分に、エンジンのみならずトランスミッションまで収めるパッケージを採っていた。直4でなく短いV4とした利得をそこに用いたのである。これによってフットウエルが広くなった。のみならず、車体要素にも影響が生まれた。駆動系でキャビン部分を通るのはプロペラシャフトのみであり、以前のようにトランスミッションケースは顔を出さない。これまでのFR車のパッケージでは、トランスミッションやプロペラシャフト（もしくはトルクチューブ）をかわすために、それらの上にキャビンを構築する必要があった。しかし、ラムダのパッケージであれば細いプロペラシャフトを通す小径のトンネルをキャビン床部に設ければ済む。そしてキャビン床レベルを下げることができる。上屋構造そのものもそうだが、のみならず乗員となる人間の着座位置も下がるのだから、両方で乗車時の車輛重心は大いに下がる。また応力構造のほうにも余禄があった。平たい床板の中央にトンネルが生まれて立体化したために、剛性が上がったのだ。

ラムダについての古今の書き物は、応力外皮構造の採用によって低重心化も実現した風に述べるのが通例だが、実は順番が違うのである。パッケージ変更があって、それが低重心化に寄与し、さらに応力構造の剛性強化が余禄として生まれたのである。

またV4はレブリミットがトリカッパV8は2500rpmに対して3250rpmへと一気に向上していて、それがために高速で廻るようになったプロペラシャフトに共振の問題が持ち上がった。それに対処したのもファルケットだった。彼はペラシャフトを2分割にして、その接合点で支持し、共振を常用域の外に追い出した。

V4の燃料供給についてもファルケットは創意工夫を盛り込んだ。後ろの燃料タンクからキャブレターまで単にガソリンを圧送するのでなく、いったんエンジン上に吊った2ℓほどの容積の箱に送って溜めておき、そこからキャブレターに流した。3次元にGが襲ってくる航空機のエンジンの知見を活かした措置だった。

こうしてラムダにおける彼のランチアでの初仕事を見ていけば解る。勘や経験則でなく、それは立派に物理工学の理路に基づいた仕事だった。彼の合流とともにランチアは近代的エンジニアリング構築に踏み出した。後世において目に見えるその具体的な遺跡がラムダだったのである。

そんなラムダは、1922年10月のパリ・サロンでお披露目される。トリノからパリまで展示車輌を自走で運んだのは、筆頭テスターのジスモンディとファルケットだった。彼らは続いて開催されるロンドン・ショーにも自走していき、ちょうどハネムーン旅行でそこに滞在していたヴィンチェンツォ夫妻と合流して、挑戦的な業務を成就させた達成感を分かち合いながら愉しいひとときを過ごしたという。

これ以降もファルケットは古参たちに伍してランチア技術開発部門のキーマンとして勤務を続けていく。その仕事ぶりをラムダ以降に登場するモデルを眺めつつ駆け足で語っていこう。

ランチアは、トリカッパの後継として高級車ディラムダを1928年に送り出す。エンジンはトリカッパと同じくV8だが、そのバンク角は24度に開いていた。排気量は効率向上を念頭に4.6ℓから4ℓに縮小しつつ、最高出力は同等の100hpを堅持していた。

車体のほうも、ラムダの知見を活かした応力構造を適用されて当然だったが、こちらに関しては半歩ほど後退したと言える。ディラムダの応力構造は、鋼板を溶接して矩形断面にした管材をフロア部に敷いたもの。形式としてはフレーム構造に戻ったのだ。ただし、左右に縦通させたその矩形断面管は、X字型に形成されたこれまた矩形断面管で補強されていて、単純な旧式のラダーフレームを遥かに超える剛さを達成していた。またファルケットは、その応力構造に後部の燃料タンクをねじ留めで固定して、剛性の補助に役立てていた。ラムダの応力担体は125kgmのねじり応力に対して1度の変形をしたが、ディラムダは同じ125kgmに対して0度30分の変形に留まったという。ねじり剛性が倍に向上したのだ。

かたや基幹モデルのラムダは、キープコンセプト型のモデルチェンジを受けて1931年登場のアルテナに代替わりし、またそれを小型化したアウグスタが1933年に追加される。V4の排気量を1.2ℓに縮小して、車体も小型化したこのモデルは、前年に登場して売れに売れていたフィアットの大衆車508バリッラに対抗させる廉価商品であった。

そういう廉価車だったからアウグスタは上屋をカロッツェリアに別注で架装させる富裕層のことを視野から外してよかった。自動車メーカーのほうでこれと設定した制式ボディをアウグスタは得たのだ。

それが車体構造の進歩を促した。上屋まで応力担体として利用できるようになって、ここにおいてランチアは漸く字義どおりの応力外皮構造に達したのである。

上屋まで一体化して応力を担うアウグスタは、車体サイズも小さく、当然ながらラムダよりも、そしてディラムダよりもねじり剛性が上がっていた。それは125kgmのねじり応力に対して0度12分しか変形しなかったという。単純計算すればラムダの5倍である。これを聞いたヴィンチェンツォは利得の一部を軽量化に振り向けるように指示した。それを受けてファルケットたちは試作車の応力構造に多くの孔を開けて対応し、そして量産型では使用する鋼板をラムダのときの2.0㎜厚から1・25㎜厚に落とした。

ちなみに、このとき米バッド社とのあいだでパテントに関する摩擦があったという。エドワード・G．バッドが設立したこの会社は、ダッジの支援を受けて全鋼製車体の技術を独自開発し、1916年にはダッジに7万もの製品を納入する大企業になっていた。バッド社は1930年代には鉄道車輌や航空機体の分野にまで進出していくのだが、それと並行して鋼板溶接による応力外皮構造セミモノコック技術を確立して、1920年代後半にユニボディの名でパテントを取得していた。このユニボディ技術は欧州からも引き合いが来て、1934年にシトロエンが送り出したトラクシオン・アヴァンにも適用されていた。この車体テクノロジーに関してランチアとバッドのあいだにやりとりがあったらしい。

それはともかく、こうしたランチアの真の意味での単殻化は、1937年にアルテナの後継として送り出されて戦後まで生き延びるアプリリアでさらに進歩する。エンジンコンパートメント側面を形成するフロントのインナーフェンダーまで応力担体としたのだ。

これによって向上した剛性の有利を以て、アプリリアは鋼板を0・85㎜にまで落とす。それでもねじり剛性は125kgm応力に対して0度10分の変形に留まったという。

しかも、その車体は空力を考慮して形作られていた。樹脂製の縮小モデルをトリノ工科大学の流体工学研究室に持ち込んで検討したのだ。その造形は、のちにピニンファリーナの自社風洞で0・47のCd値を計測したという。同じイタリアの実用車では70年代のアルフェッタが0・40だから、30年代の量産モデルとしては特筆に値するだろう。

そしてアプリリアにおいてランチアはついにリアサスも独立懸架化を果たした。緩衝機構は板ばねのままながら、懸架機構はフルトレーリングアーム式を採用したのである。

ただし、このあたりで尖鋭に突き進んだランチアの戦前は歩みを止める。第二次大戦が始まったからだ。

やがてイタリア本土が連合国の爆撃に晒されるようになると、ファルケットはトリノ市内から、南に40kmほど行った郊外のクーネオ県ラッコニージの田舎家に家族ともども疎開する。その疎開先で息子ステーファノを授かった。一方でランチアのほうも、技術開発部門をヴェネト州のパドヴァに疎開させることになった。ファルケットは会社が借り上げた近くのメッジョラート・ホテルの一室に起居して、そこまで自転車で通うことになった。

1943年9月になってイタリアは連合国に対して無条件降伏を宣言して枢軸を離脱す

る。しかしムッソリーニを拉致したドイツは傀儡政権を立て、それを支援して南から攻め上がる連合国に抗させようとする。こうして北イタリアが混乱に陥った中で、ファルケットは遠く離れたトリノに残した家族への心配も募ってか、不整脈を患ってしまう。そこでランチアでの仕事を辞して彼はラッコニージに戻る決断をした。

そして敗戦後のイタリアで、ファルケットはフリーランスの身となった。

そんな彼のもとには、実力と功績を知る会社から複数のオファーがあった。再興を狙うイソッタ・フラスキーニからも接触があったらしい。チシタリアからも声がかかったという。

だが、最終的に彼が選んだのはモトム（Motom）というスクーター会社だった。焼け野原に荒廃したイタリアでもドイツでも日本でも人々の足となったのは手軽で廉いスクーター類だった。そうなるのを予見したエルネスト・デ・アンジェリとジュゼッペ・フルアというふたりの出資者が設立した会社である。１９４５年２月から53年２月までファルケットは、そのモトムで数多くのスクーターや小型バイクづくりに励んだ。その設計は興味深いところも多いのだが、欧州バイク旧車のマニアくらいしか話に惹かれないだろうからそれは省くことにして、時計の針を一気に進めよう。

遠慮なくそうするのは53年にファルケットがランチアに復帰するからでもある。

1950年代の半ば、ヴィンチェンツォの妻だったアデーレ後見のもと、20代のジャンニ・ランチアが率いるランチアは経営の危機に瀕していた。

言うまでもなく10年が経って社内体制も一変していた。番頭格で業務管理をするのはアデーレの再婚相手マンリオ・グラッコ・デ・レイ（Manlio Gracco de Lay）。かっての先輩技師だったゾルゾーリは財務責任者に退いており、技術部門の責任者はジュゼッペ・ヴァッカリーノ（Giuseppe Vaccarino）が務めており、ジャンニ・ランチアの引きで老ヴィットリオ・ヤーノが先行開発実験部門のチーフになっていた。そんな中、ファルケットは車体およびシャシー開発部門のトップとして招聘されたのだった。

長いブランクにもかかわらず、ファルケットは面々に溶け込んだようである。同世代のヤーノとは、互いの田舎家に招き合う間柄になったという。そんな風に恙なく事が運んだのは、ファルケットがなるだけ我を張らず、表には出ず周囲を立てるように仕事をしたからだった。彼は、名作F1マシンD50や1957年に登場することになるフラミニアの開発に携わった。

そしてランチアは経営破綻して、創業家一族は新興起業家カルロ・ペゼンティに株式を譲渡。レース部門はヤーノともどもフェラーリに引き渡され、技術部門の長にはアントニオ・フェッシアが招かれて1955年に体制は一変する。


アントニオ・フェッシアはトリノ工科大学を出てフィアット入りし、508バリッラや500トポリーノのエンジン開発に携わり、また航空機ユニットの開発陣にも加わった。戦後はミラノ北西にあったCEMSA（Costruzioni Elettro Meccaniche di Saronno）社に移籍して設計室長になった。

CEMSAは、経常赤字の責任を問われてアルファロメオを追われつつあったニコラ・ロメオが1925年にロンバルディア州ヴァレーゼ県サロンノで興したメーカー。しかし、ここでも彼は巧く社を立ち行かせることはできず、戦前はイタリア航空機界の雄だったカプローニ社に買収されてしまった。そのカプローニ社としては、戦後に軍事に通じる航空産業に製肘が加えられることを確実視していて、また生産設備も崩壊していたから、自動車産業への転身で生き延びようとしていた。それゆえフェッシアを招聘したのだった。

意気込んだフェッシアは、20世紀後半の実用車のあるべき姿を目指して意欲的なエンジニアリング内容の構想を打ち立てた。エンジンは1.1～1.2ℓの水平対向4気筒。このあたりはフォルクスワーゲンの影響が見取れるが、彼はRRでなくFFを選んでいた。これに前後独立懸架のシャシー設計を加え、その上で車体デザインはベルトーネに委託。こうしてCEMSAが装いも新たに送り出す新時代の実用車は完成して、1947年10月のパリ・サロンでお披露目されることになった。

その内容からフェッシアのFF車は話題になり、アメリカ合衆国で自動車の革新を模索していたプレストン・トマス・タッカーがこれに着目して、1000台を引き受けて米国で売る契約を結んだ。しかしタッカーは自社開発車の失敗によって破産、契約も反故となってしまう。これに挫けず49年のトリノ・ショーでも熟成型が展示されたのだが、それが市販に移行する前にCEMSA社そのものが破綻してしまった。

その後フェッシアは、ドゥカティやピレリやフィアットが買収して転換生産の拠点としていたNSUハイルブロン工場の技術コンサルタントの仕事を経て、ランチアの技術開発の長として職を得た。そして、かつてCEMSAで実現しそこなった水平対向4気筒FWD車の夢を新たな職場で展開するのである。

フェッシアの怨念とも言えるそのFWD車は、現在ではEセグメントに相当するフラミニアとCセグメントにあたるアッピアの広大な商品ランナップ上のギャップを埋めるのに好適であり、フラヴィアという名で商品化されることが決まった。

ランチアの新時代を築いて再興を具現化するはずだったそのフラットフォアFWD車の車体開発においても、バッティスタ・ジュゼッペ・ファルケットは腕を振るった。軽量化を強いろうとするフェッシアと摩擦が生まれそうになったこともあったようだが、それでも彼は、フロントの別体サブフレームにパワートレインを抱かせて、これをラバーを介して主体構造に締結する新案を内包する車体構造を仕上げていった。のみならず、クラッチのフリクションプレートの支持方法を改良して締結を滑らかにする改良を施し、これに関して特許も取得した。

ファルケットは、そのフラヴィアが目出度くローンチを1960年のトリノ・ショーで飾るのを見届けたあとにランチアを定年退職することになる。そのあと2年ほどはコンサルタントの名目で契約するのだが、1964年に完全にランチアと縁が切れる。そして静かに余生を過ごして1985年に世を去った——。

技術主導型メーカーとしてランチアが真にそのプレゼンスを築いたのはラムダにおいてだった。自動車エンジニアリング界に衝撃を与えたそれは、メーカー名が示す如くの槍による一刺しであった。この槍を研いで世界に向かって突き出した槍手が、中卒ながら端倪すべからざる頭脳の冴えで開発陣の軸となったバッティスタ・ジュゼッペ・ファルケットという人だった。尖鋭の槍を旗印として掲げたランチアにおいて、存分に腕を振るったバッティスタ・ジュゼッペ・ファルケットは不世出の槍手であった。

ランチアを愛する者はラムダや以降の戦前車に触れる際に、必ずファルケットの功績に言及しなければならない。名が世に敷衍した経営者と、現場で実際にクルマを作った技術者を区別して認識すること。真の愛好者のそれは責務なのだと思う。

（FMO 2018年1月2日号&9日号）

あとがき

この午前零時の自動車評論の初巻は2012年の刊行。爾来、1年に2巻くらいの頻度でお送りしてきました。最前巻は2020年末です。あれからこの19巻まで2年半ほど空白ができてしまいました全ておれが原因で、おれの責任です。

始まりは4年前の晩夏でした。いきなり右目と左目の視界がずれた。脳神経内科から眼科まで回ってCTやらMRIやら重ねて精密検査をしたのですが原因が解らず終い。なのにいつの間にか治ってしまいました。何か釈然としない気分でいたところ、今度は心理的に全位相でダメージを食らいました。ひとつひとつは2020年代の日本では珍しくもないありふれた不幸であり、殺傷力はさほどでもなかったはずなのですが、一気にまとめて飽和攻撃で来たので堪えきれなかった。書けなくなりました。何がどう書けなくなったかというと何を書いていいか分からなくなった。そのあいだにも、こちらの持ち歌を主題に指定した短文の依頼は何とかぽつぽつこなせていたのですが、自分で主題を設定して材料を集めて論旨を決めて書いていくFMOとなると手も足も出なくなりました。そうなる物書きの同業者はたくさん見てきましたが、まさか自分がそうなるとは思わなかった。

こうして精神の沼に沈んでいた去年の2月にフィニッシュブロー級がやって来ました。いきなり脳の血管がふん詰まった。脳梗塞というやつです。自室で歩けなくなったので自分で119番して救急車を呼びました。そのまま近場の総合病院の脳神経外科に搬送。ちょうど新型コロナが下火になっていた時期だったので、数分で受け入れ先が見つかったのは幸運でした。そしてMRI他で分かったのは、延髄と小脳のあいだにある橋という部位の梗塞。ここは各部位の運動機能そのものでなく、それらの関連制御を司るところなんだそうです。各々の部位は何の問題もなく動かせるのですが、それを有機的に関連させて行う行動がだめ。直立二足歩行ロボットの運動制御にホンダやソニーが苦労しまくった理由がしみじみ得心できました。3年前の左右の視界ずれも、これが遠因だったのかもしれません。

その後暫く入院して悪化しないようだったので退院したのですが、そこからリハビリテーションの日々がやって来ました。リハビリってどこかが動かないといった重篤な人に対するメニューは色々とあるらしいのですが、関連制御がおかしくなったおれのような場合についてのメニューはあんまりないようなのですね。だって動かないところはないのですから。でも左右の精密な関連が上手くいかない。なので、例えばギターベースがちゃんと弾けなくなった。デスクトップPCのキーボードも二度に一度はミスタッチする有様で、これまでの業務スピードの十倍の時間がかかるようになってしまいました。包丁を使うときなんかスリル満点です。リハビリはそういう実戦的な作業に則って自分でメニューを考えて実施することにしました。

こうして、半年以上をかけて外から見て誰も理解できないような地味なことを繰り返して、何とか少しずつ仕事ができるようになりました。凄いですね人間の脳味噌は。逝ってしまった部位の機能を別の部位が換わって遂行してくれるようにシステム変更するのですね。話には聞いていたけれど本当でした。歩行も最初は、アシや操舵系が間抜けなクルマみたいに直進安定が出なかったのですが、とりあえず蛇行はしなくなって1日8㎞くらいなら平気で歩けるようになりました。といっても以前のように無意識で直安が出せるわけじゃなく、きっちり意識しないと駄目ですが。油圧パワステの熟成期と現在のEPSの平均値くらいの差ですな。そうそう。キーボードは全盛期の3倍遅い程度にはなりました。

こうして少しずつ復調してきて、漸くFMOの原稿書きができるようになりました。クルマの運転は、大丈夫だろうとは思っていても確信が持てなかったので暫く控えてましたが、今夏漸く運転を再開しました。自分だけで判断できないので、モータージャーナルを一緒にやっている森慶太さんに頼んで、同乗して診断をしてもらい、問題なしと言ってもらえた。ました。あの人はクルマが綺麗に走ることやクルマを綺麗に走らせることについてはシビアな観察眼をお持ちですので安心しました。

といってもシビアな試乗評価は未だにやってません。ですので、この19巻では前に乗って書いたものや座学的なものが中心になり、そこに運転しなくて済むオーディオ試聴が加わる形になりました。

ちなみに、そのオーディオ試聴の企画は旧知の編集者が立案したもの。彼はそんな恩着せがましいことを口に出すような無粋な人間では絶対になし、こちらからも敢えて訊きはしなかったのですが、たぶん前線復帰の足がかりにしろという意味だったのでしょう。ありがてえなあ。

そういうわけで、今おれは今おれができることをＦＭＯで書いています。近いうちに試乗も再開してみたい。そうじゃなくても歳も歳だから、八百馬力を湾岸でおりゃあとかは遠慮しますけれど、ゆっくり走ってもいいクルマみてえなヌルいことは書かねえ所存です。そういうライブな書き物を座学系に交えて次の20巻をお送りできればと思っております。

見捨てずにいてくれた全ての皆さまに感謝いたします。

沢村　慎太朗

初出
「沢村慎太郎ＦＭＯ」　モータージャーナル事務局　http://motorjournaljp

クルマが好きなひとのメディアを作ろう

クルマ好きな人たちのための読み物が絶滅しかかっています。タイアップ記事だろうが広告売上が大きかろうが、本当のクルマ好きが読むに値する記事でさえあればいいのです。しかし、結果として既存メディアがそういうものになっているとは思えません。そこが問題です。

モータージャーナルＦＭＯはそういう状況に飽き飽きした人に向けた週刊メールマガジンです。目的は極めてシンプル。「読むに値するものを提供する」。発行部数なんかに価値は感じませんし、複雑な集金システムが書き手を拘束するならそんなものも要りません。

ＦＭＯとはFor Members Only の意味。沢村慎太朗を信頼できる人だけが毎月１０８０円を払って記事を読み、沢村慎太朗は読者の信頼に応える記事を書きます。ページレイアウトに収めるための文字数制限も、広告への配慮もありません。写真もないただのテキストですが読み手のことだけ考えて書きます。そうして書いたものが、今回色々な方のご協力を得て1冊にまとまりました。もしあなたがこの記事を求めていたならば、来週から沢村慎太朗はあなたのためにメールマガジンの原稿を書きます。

モータージャーナル事務局

http://motorjournal.jp

午前零時の自動車評論 *19*

二〇二三年九月二十日　第一刷発行

著　　者　沢村 慎太朗
編　　集　星賀 偉光
装丁デザイン　木村 貴一
印刷・製本　図書印刷株式会社
発 行 人　平井 幸二
発 売 元　株式会社文踊社
〒二二〇－〇〇一一　神奈川県横浜市西区高島二－三－二十一　ＡＢＥビル四Ｆ
TEL　〇四五－四五〇－六〇一一

ISBN978-4-904076-83-5
価格はカバーに表示してあります。